Carl-Auer

Die Reihe Management/Organisationsberatung

Die heutige Gesellschaft ist eine organisierte Gesellschaft. Man muss schon lange suchen, um überhaupt noch Bereiche zu finden, die nicht von Organisationen geprägt sind. Unternehmen jedweder Größe und Eigentumsform, Verwaltungen, Schulen, Gerichte, Krankenhäuser, Universitäten, Kirchen, Verbände, Parteien, Vereine etc. – allesamt übernehmen sie gesellschaftliche Funktionen und bestimmen unser Leben. Die Fülle an Aufgaben, die unter den Bedingungen zunehmender Globalisierung und Digitalisierung gleichzeitig zu erfüllen sind, wie auch die Bandbreite an Organisationskonzepten und Führungsansätzen, mit denen der komplexe Alltag bewältigt werden soll, stecken das Feld ab, in dem Management und Beratung mehr oder weniger wirksam werden.

Die Zeiten, in denen es einfache Antworten auf die vielfältigen Fragen zur Überlebenssicherung einer Organisation und auch zur Steuerung tagtäglicher Entscheidungsprozesse gab, sind seit Langem vorüber. Der Komplexität, mit der heute alle konfrontiert sind, die in verantwortlichen Funktionen in und mit Organisationen arbeiten – Führungskräfte, Manager und Organisationsberater etc. –, wird man mit Rezeptwissen nicht mehr gerecht. Hier setzen die neuere Systemtheorie und mit ihr die Reihe Management/Organisationsberatung im Carl-Auer Verlag an. Beide liefern Konzepte und »Landkarten«, die auch im unübersichtlichen Terrain von Wirtschaft und Organisation Orientierung ermöglichen und Handlungsfähigkeit sicherstellen.

Das Ziel der Reihe ist es, empirisch gehaltvolle Forschungen über die Prozesse des Organisierens wie auch theoretisch angemessene Führungs- und Beratungsansätze zu präsentieren. Zugleich sollen bewährte Methoden einer system- und lösungsorientierten Praxis im Kontext von Organisationen überprüft und neue Ansätze entwickelt werden.

Torsten Groth
Herausgeber der Reihe
Management/Organisationsberatung

Susanne Delius
Cornelia Strobel

Zusammen entscheiden

Tools, Anleitungen, erprobte Rezepte

Mit Beiträgen von: Christoph Burmann · Marc Fillinger · Stefan Groß · Dorothea Hartmann · Walter Herter · Ingrid Kohlhofer · Angelika Limmer · Katrin Mackenstedt · Matthias Ohler · Volker Steinhoff · Ulrike Sutrich · Albert Vollmer · Anja Vrany

2024

Themenreihe »Management und Organisationsberatung«
hrsg. von Torsten Groth
Reihengestaltung: Uwe Göbel
Umschlaggestaltung: B. Charlotte Ulrich
Umschlagmotiv: © Frank Hargina • www.px-box.de
Redaktion: Robindro von Gierke
Satz: Verlagsservice Hegele, Heiligkreuzsteinach
Printed in Germany
Druck und Bindung: CPI books GmbH, Leck

MIX
Papier | Fördert gute Waldnutzung
FSC® C083411
www.fsc.org

CPI klimaneutral
Mehr Bäume. Weniger CO_2

Erste Auflage, 2024
ISBN 978-3-8497-0524-4 (Printausgabe)
ISBN 978-3-8497-8481-2 (ePUB)

Bibliografische Information der Deutschen Nationalbibliothek:
Die Deutsche Nationalbibliothek verzeichnet diese Publikation in der Deutschen Nationalbibliografie; detaillierte bibliografische Daten sind im Internet über http://dnb.d-nb.de abrufbar.

Informationen zu unserem gesamten Programm, unseren Autoren und zum Verlag finden Sie unter: **https://www.carl-auer.de/**.
Dort können Sie auch unseren Newsletter abonnieren.

Carl-Auer Verlag GmbH
Vangerowstraße 14 • 69115 Heidelberg
Tel. +49 6221 6438-0 • Fax +49 6221 6438-22
info@carl-auer.de

Inhalt

Zum Geleit

Altern ist kein Verdienst, es geschieht. Vor mehr als 25 Jahren startete ich meine professionelle Beschäftigung mit dem Thema *Entscheiden in Organisationen*. Es war nicht geplant, dass mir das *Entscheiden als Handwerk zu verstehen* zur gereiften Erfahrung und Gewohnheit werden sollte. Kochen und Entscheiden haben Vieles gemeinsam – sie sind Handwerk, das alle lernen können; genauer: lernen, üben, experimentieren, meistern können. *Learning by Doing* ist meiner Erfahrung nach der König:innenweg.

Das Entscheiden-Handwerk entsteht im reflektierten Gebrauch der – zur jeweiligen Entscheidungssituation – passenden Auswahl an Instrumenten und Methoden. Alle der folgenden 8 spezifischen Regeln werden Ihnen, liebe Leser:innen, in allen Rezepten implizit immer wieder begegnen.

Handwerksregel 1: Richard Sennett (2008) verweist

> »auf ein dauerhaftes menschliches Grundstreben: den Wunsch, eine Arbeit um ihrer selbst willen gut zu machen [...] Bei jedem guten Handwerker stehen praktisches Handeln und Denken in einem ständigen Dialog. Durch diesen Dialog entwickeln sich dauerhafte Gewohnheiten« (Sennett 2008, S. 19–20).

Sennett hat bei mir drei bleibende Erkenntnisse angestoßen: Zuerst ist es praktisch nützlich, Führen und Entscheiden als untrennbar verbundene Handwerke zu verstehen! Zweitens verbindet Entscheiden Denken mit Handeln und umgekehrt – oder nicht. Drittens, immer dann, wenn reflektiertes Entscheiden das Denken (Spüren, Erkennen) einer notwendigen Veränderung zum bewussten Handeln (Bewirken, auch Ausprobieren oder bewusstem Nicht-Handeln) führt, entsteht befriedigendes, kontinuierlicher, gemeinsames Lernen.

Handwerksregel 2: Innen wie Außen? Grundstürzende Veränderungen in unseren globalen Umweltbedingungen fordern uns auf, klüger und nachhaltiger entscheiden zu lernen – hoffentlich schnell. Einerseits wurzeln die Probleme von heute in den (gerade auch: nicht getroffenen) Entscheidungen von gestern, meist ohne dass wir uns dieser Spur bewusst wären. Andrerseits liegt auf der Hand, was uns die systemtheoretisch fundierten Hinweise des Club of Rome von vor mehr als 50 Jahren benennen, und was die VUKA-Bedingungen, die mittlerweile in vielen Wirtschaftsbereichen herrschen, zur Folge haben. Die Notwendigkeit, professioneller zu entscheiden ist in den letzten Jahren und Jahrzehnten sprunghaft gestiegen, ja geradezu explodiert. KI wird uns von dieser Notwendigkeit nicht befreien, sondern sie im Gegenteil dringlicher machen. Ich meine, es ist klug uns zu vergewissern, wie wir uns – auf breiter Kompetenzbasis und Mitverantwortung von möglichst vielen engagierten Menschen – handwerklich rüsten können, diesen tatsächlich noch nie da gewesenen Bedingungen gerecht zu werden, d. h. gemeinsam zu lernen, was wir bisher nicht können mussten. Dazu bietet dieses Buch viele Anstöße.

Auf einen besonderen Aspekt ist hinzuweisen: Es liegt auf der Hand, dass »nachhaltiges Verhalten« – und damit »nachhaltiges Entscheiden« immer dringender notwendig wird. Bisher waren und sind wir im reaktiven Lösen akuter Probleme ganz außerordentlich erfolgreich. Als Stichwort sei hier die Entwicklung eines Covid-Impfstoffs in Rekordzeit genannt. Diese rasche Lösungsfindung führt jedoch zu immer mehr neuen Bumerangs, sprich: unbeabsichtigten Nebenwirkungen. Im Englischen gibt es dafür die wunderbare Redewendung »kicking the can down the road«. Also geht es immer öfter darum gemeinsam entscheiden zu lernen, an den Wurzeln (»upstream«) anzusetzen, was proaktiv hilft, Probleme so früh zu lösen, dass sie nicht groß und chronisch werden bzw. strategisch von der Zukunft her zu entscheiden.

Handwerksregel 3: Den Blick erweitern. Es herrscht immer noch die Annahme vor, dass es primär auf die sogenannte Entscheidung als die Hammerfallsekunde, also dem Eingreifen der Mächtigen ankommt. Und die alte Regel »Wer zahlt, schafft an« gilt immer noch. Aber erst der weitere Blick zum Verständnis von Entscheiden als Prozess stößt die Tür auf zu einem gemeinsamen Lernen und Professionalisieren. Genau das wird in diesem Buch vorbildlich durchdekliniert.

Handwerksregel 4: »It all starts with you.« Entscheiden fordert und entwickelt den ganzen Menschen, sein Leben lang, sofern er etwas bewirken will. Selbstverantwortung beweist sich ultimativ im Entscheiden. Der Kopf bzw. Verstand allein lernt nicht, so sehr er es auch will, so brillant er auch sein mag. Im bestmöglichen Entscheiden bist du als ganzer Mensch mit all deinen Sinnen dein eigenes Instrument. Entscheiden ist in diesem Sinn eine Metakompetenz, die alle anderen Kompetenzen unterstützt und besser zur Wirkung bringt, was rechtfertigt, dass sie auch in HR und bei Führungskräften dauerhaft gefördert und gefordert wird.

Handwerksregel 5: Gutes, nachhaltiges Entscheiden ist ein sozial gelingender Vorgang. In unserer sogenannten westlichen Kultur haben wir mit der Muttermilch das beschränkte Erfolgsrezept aufgesaugt, dass der oder die Einzelne sich durchsetzen müsse. Aber immer mehr zeigt sich, dass die Pflege des Teamfokus und die Kraft des gemeinsamen Entscheidens dem Gestaltungswillen der einzelnen Führungskraft nicht im Weg stehen, ganz im Gegenteil: Das Lernen beginnt zu zweit und breitet sich dann aus.

Handwerksregel 6: Professionelles Entscheiden in Organisationen ist ein dickes Brett, das gegen starke Gewohnheiten ankämpft. Einerseits wirkt es als der treibende Motor für das Wachsen und Entwickeln von Menschen, Teams und Organisationen gleichermaßen. Und andererseits ist es ziemlich anspruchsvoll, Organisation – Team – Einzelne(r) als die eigenständigen Systemebenen zu verstehen, die in ihrem Zusammenspiel den Gesamterfolg hervorbringen. Die Chance liegt gerade eben in der Perspektivenvielfalt der drei Systemebenen. Durch einen professionell gestalteten, interaktiven Prozess werden »naturgegebene Fehlerquellen« (Biases) reduziert. Das gemeinsame Entscheiden im Team bzw. Netzwerk wirkt kräftig energetisierend als der Katalysator zwischen Engagement des einzelnen Teammitglieds und dem Erfolg der ganzen Organisation.

Handwerksregel 7: In Zeiten des Umbruchs ist es klug, dem Lernen tendenziell mehr Aufmerksamkeit zu schenken als dem Wissen. *Zwei Seiten der Erfahrung* von James March (2016) beschreibt zwei sehr verschiedenartige Entscheidungsarten. Idealtypisch ergänzen sich das pragmatische Optimieren und das flexible Innovieren in ihrem Wechselspiel hin zum beidhändigen Entscheiden und Führen an vielen Stellen in der Organisation. Durch Üben, Üben, Üben!

Handwerksregel 8: Mentor:innen und Moderator:innen. Diese zwei Initiativ-Rollen sind beim miteinander Entscheiden-Professionalisieren besonders wertvoll. Führungskräfte (Mentor:innen), denen das Fördern und Entwickeln ihrer Mitarbeiter:innen im Team besonders am Herzen liegt einerseits, und Moderator:innen, die Freude und Kompetenz spüren, wenn sie die besonderen Aspekte von Entscheidungsprozessen verstehen und begleiten andererseits. Im Ergebnis ist Entscheiden im Team die mit Abstand glaubwürdigste und wirkungsvollste Form von Empowerment.

Zurück zum Ausblick auf dieses Buch. Die Funktion und der Nutzen der Rezepte ist, dass sie Neulingen, Expert:innen und Profis gleichermaßen helfen. Rezepte sorgen dafür, dass die Speise genießbar wird, reproduzierbar, skalierbar, transparent, nachvollziehbar und doch den Raum für situative Würze lassen. Rezepte leben und entwickeln sich. Sie gehen eine genussvolle Verbindung mit Emotionen ein, wenn sie dürfen – äußerst empfehlenswert (die Basics des Decisio®-Prozessmodells).

Jedes noch so gute Fachbuch ist erstmal nur das *Amuse-Gueule* für das Hirn. Übung macht den Meister und füttert alle Sinne. Darum geht's in diesem Kochbuch: Anstöße zum Schmecken des Lernens mit allen Sinnen, die Verkostung der Differenz zwischen Wissen, Erkennen und Beherzigen, den Genuss der Erkenntnis, wie aus Wissen Erkennen, aus Erkennen Beherzigen und Gestalten erwächst – und daraus Lust auf die nächste Lernschleife zu kriegen!

Zum Abschluss meines Geleitworts noch ein paar persönliche Notizen. Wie mag sich meine bisherige Lernerfahrung – quasi als Vorkoster – weiterentwickeln? Wie verbinde ich sie mit den Rezepten?

1) Die Decisio-Map® und mein Kairos®-Profile bleiben meine Basis-Instrumente. Eine Handvoll anderer kommt je nach Entscheidungsart und Kontext dazu.
2) Durch Üben mein Entscheiden vereinfachen. Weniger ist mehr. Mich auf weniger Entscheidungen bzw. Entscheidungsprozesse beschränken und diesen mehr Aufmerksamkeit schenken.
3) Altersbedingt die anstehenden Entscheidungsprozesse für »Ein zweites Leben« (vgl. den Essay von Francois Jullien 2020) vertrauensvoll überlassen.
4) Mein Traum bleibt, eigene Lernschleifen von Denken-Entscheiden-Handeln ausgewogener hinzukriegen, d.h. im Wesentlichen weniger zu denken, und den so freiwerdenden Raum im Geist mit Entscheiden (zulassen) und Bewirken (zulassen) zu füllen.
5) Achtsames kleines (tägliches) Entscheiden wird mir genauso wichtig wie große Entscheidungen.

Othmar Sutrich

1 Über dieses Buch

1.1 Wozu ein Kochbuch für gemeinsames Entscheiden?

Kochen und Entscheiden haben einiges gemeinsam. Oftmals ist Kochen tägliche Routine, über die wir nicht großartig nachdenken, sondern die wir intuitiv tätigen, weil's sein muss, wir satt werden wollen, es schnell gehen muss. Manchmal wollen wir etwas Besonderes zaubern, es steht ein Festessen an. Oder wir haben einfach Lust auf neue Aromen und Geschmacksrichtungen. Vielleicht merken wir auch, dass unsere Kochroutine uns nicht mehr guttut, weil sie zu fett, zu fleischreich, zu scharf ist. Wir beschließen unsere Kompetenz zugunsten einer gesünderen Qualität zu erweitern. Immer dann steht uns ein Kochbuch mit neuen Rezepten hilfreich zur Seite.

Beim Entscheiden ist es ähnlich. Die meisten Entscheidungen sind tägliche Routine. Wir treffen sie intuitiv, ohne nachzudenken, auf Basis unserer Kompetenz, sie kosten keine Energie – die Rezepte dazu sind implizit gespeichert. Bedeutsame Themen hingegen wollen gut durchdacht und einer möglichst guten Entscheidung zugeführt werden. Je komplexer und riskanter das Thema, umso schwerer, ungewisser und gleichzeitig umso wichtiger ist, wie wir entscheiden. Für Organisationen trifft das genauso zu wie für andere soziale Systeme oder Individuen. Nur hat die Entscheidungswelt von Organisationen noch einmal einen ganz anderen Stellenwert: Das Herstellen guter Entscheidungen ist ihre Grundoperation. Dieses gilt es zu organisieren. Wie das Entscheiden vonstattengeht, davon hängt die Existenz und Zukunft ab. Die Qualität des Beschlusses und seine konsequente, schnelle Umsetzung bestimmen den Erfolg – und eben auch den Misserfolg. Deshalb ist es so entscheidend, wie in Organisationen entschieden wird.

In der Arbeitswelt 4.0 wird gemeinsames, kollaboratives Entscheiden im Team – ob funktional, cross-funktional oder vernetzt – noch einmal wichtiger. Unternehmen müssen schneller und beweglicher agieren, um in der VUKA[1]- oder BANI[2]-Welt (vgl. Stöttinger 2022) zu überleben. Mit diesem Ziel werden Prozesse und Strukturen in Organisationen verschlankt. Entscheidungsbefugnisse werden vermehrt in Teams delegiert. Entscheidungen sollen dort getroffen werden, wo sie hingehören – zügig und kompetent, verschwendungsfrei. So weit, so gut. Nur: Effizienz allein reicht nicht, um gut zu entscheiden. Um die Qualität riskanter, komplexer Entscheidungen zu erhöhen, braucht es offene und kontroverse Dialoge, die Perspektivenvielfalt tatsächlich integrieren. Die Gestaltung des Kommunikationsprozesses beim Entscheiden ist dafür maßgeblich.

Genau hier setzt unser Kochbuch an: Es gibt erprobte Rezepte an die Hand, die gemeinsames Entscheiden in Unternehmen erleichtern, die Qualität des Beschlusses erhöhen und eine konsequente Umsetzung beschleunigen. Die Rezepte sind eine strukturierte Methodensammlung für unterschiedliche Entscheidungsanlässe, eine Hilfestellung für Teams in den unterschiedlichen Phasen des Entscheidungsprozesses, also Rezepte zum Nachkochen. Das Ziel: Eine möglichst einfache Anleitung für ein wirksames und effizientes gemeinsames Entscheiden.

1.2 Für wen ist das Buch?

Das Kochbuch richtet sich an Menschen in Organisationen, die gemeinsam Probleme lösen, Themen durchdenken, Neues gestalten, Strategien entwickeln, Beschlüsse treffen, Entscheidungen umsetzen. Kurz: Wir haben das Buch für die vielen Player in Organisationen geschrieben, die sich in Teams zusammenfinden, um gemeinsam zu entscheiden. Die Rezepte helfen, den gemeinsamen Entscheidungsprozess so zu gestalten, dass Komplexität und Perspektivenvielfalt bestmöglich genutzt werden, um qualitativ hochwertige Lösungen zu

1 VUKA ist ein Akronym, das die Herausforderungen der digitalen und globalen Welt von heute mit vier Merkmalen beschreibt: V = Volatil, U = unsicher, K = komplex, A = ambivalent. Das Modell entstand 1990 am United States Army War College.

2 BANI ist die Weiterführung von VUKA, ebenfalls ein Akronym zur Beschreibung unserer heutigen, chaotischen Welt und deren Herausforderungen für Organisationen: B = brittle (brüchig), A = anxious (ängstlich), N=non-linear(nicht-linear), I = incomprehensible (unbegreiflich). BANI greift im Unterschied zu VUKA die Chaotik unseres Zeitalters auf. Das Modell wurde von Jamais Cascio 2020 entwickelt.

beschließen, die dann konsequent und zügig umgesetzt werden. Ein kleiner Nebeneffekt: Spaß machen tut es auch noch!

1.3 Die Rezeptauswahl

Die Rezepte beinhalten allesamt Methoden und Modelle, die die Interaktion und Kommunikation beim Entscheiden im Team strukturieren und damit zu mehr Effizienz und höherer Qualität führen. Bei den Rezepten haben wir uns von Praktiker:innen[3] und Expert:innen mit ihren vielfältigen kulinarischen Erfahrungen zum Entscheiden inspirieren lassen. Bei der Auswahl der Rezepte waren sowohl unsere eigenen Vorlieben, Erfahrungen und Geschmäcker ausschlaggebend, als auch das Sicherstellen eines möglichst ausgewogenen Verhältnisses der Rezepte für unterschiedliche Phasen und Anlässe im Entscheidungsprozess. So finden sich neben kaum veränderten Klassikern auch Gerichte, die wir mit unseren Erfahrungen abgeschmeckt und modernen Essgewohnheiten mal leichter, mal stärker angepasst haben. Und natürlich werden Sie in der Länderküche des Decisio-Kontinents auch die eine oder andere Eigenkreation entdecken. Die Auswahl hat nicht den Anspruch, vollständig zu sein. Wir wollen Teams eine solide Rezeptsammlung an die Hand geben, mit der das gemeinsame Entscheiden anlassbezogen strukturiert wird, leichter fällt, zu möglichst guten Ergebnissen führt und diese dann in der Folge konsequent und zügig verantwortet und umgesetzt werden.

1.4 Das Ordnungssystem der Rezepte

Dieses Buch ist als Nachschlagewerk konzipiert. Die Rezepte sind den fünf Phasen des Entscheidungsprozesses der Decisio®-Map zugeordnet. Sie ist sozusagen das Navigationssystem, das visualisierte Ordnungssystem für das Kochbuch. So ist die Kapitelstruktur 3 zu verstehen.

3 Im Sinne einer gendergerechten Sprache weisen wir darauf hin, dass stets alle Geschlechter bei Personenbegriffen mitgemeint sind und verwenden die :-Schriftweise, um diesem Anspruch Geltung zu tragen.

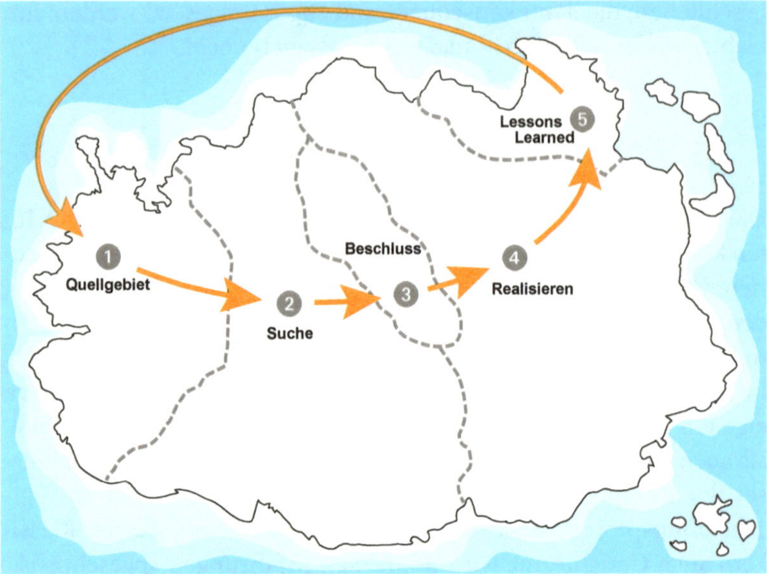

Abb. 1: Der Entscheidungsprozess in fünf Phasen

Der Kontinent Decisio stellt den Prozess des Entscheidens in fünf Phasen bzw. Ländern dar (vgl. Sutrich u. Opp 2016, S. 69–92 u. S. 156–175).

- *Im Quellgebiet* wird exploriert, ob und was es zu entscheiden gilt. Die Notwendigkeit für eine Entscheidung wird ergründet mit allem, was dazu gehört: Zielbild entwickeln, Realitäten checken, Enthusiasmus bzw. Widerstände einschätzen, Zeit und Aufwand überschlagen, etc. Final wird beschlossen, inwieweit das Thema weiterbearbeitet wird und wie: Die Reiseroute wird festgelegt.
- *In der Suche* geht es darum, Lösungsoptionen zu entwickeln. Gemeinsam werden machbare Optionen entwickelt, geprüft und bewertet. Ziel ist die Erstellung qualitativ hochwertiger Entscheidungsvorlagen.
- *Im Beschluss* geht es um den Hammerfall selbst: Die Entscheidungsvorlagen werden beurteilt, der Beschluss wird getroffen, formuliert und kommuniziert, das Nichtgewählte ordentlich verabschiedet.
- *In der Realisierung* wird die getroffene Entscheidung sinn- und zielorientiert umgesetzt. Es geht um Machen, Anpassen und

Implementieren. Aufgaben werden umgesetzt, nachjustiert, Widerstände werden aufgegriffen, Neues wird eingeführt und zu neuen Routinen verfestigt.

- *In Lessons Learned* geht es darum, den Prozess rückblickend zu reflektieren, zu bewerten und Prozessverbesserungen für die Zukunft abzuleiten.

Die kulinarischen und theoretischen Basics zum Decisio-Map-Entscheidungsprozess werden ausführlich in Kapitel 2 beschrieben.

Alle Rezepte unseres Buches sind darauf aus, den Prozess zur Aufgabenerfüllung in den jeweiligen Ländern möglichst effektiv zu gestalten. Sie, liebe Leser:innen, entscheiden, welche Aufgaben bei Ihrem Entscheidungsprozess gerade anstehen, in welchem Land Sie gerade unterwegs sind, welche Rezepte Sie hierbei sinnvoll unterstützen. Ob Sie dabei gezielt auf die Suche nach passenden Rezepten gehen oder eher durch das Kochbuch stöbern und sich anregen lassen – beides ist möglich.

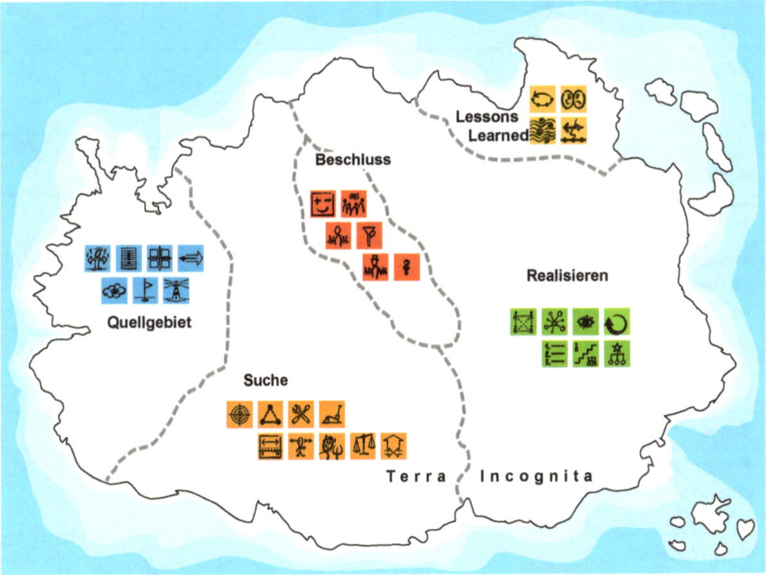

Abb. 2: Decisio®-Tool-Map

Eine visualisierte Übersicht über alle Rezepte auf dem Decisio-Kontinent gibt die Tool-Map (s. Abb. 2). Die Rezepte sind alle mit einem

Icon/Symbol versehen, das Sie in der u.a. Tabelle 1 sowie auf den jeweiligen Rezeptseiten wiederfinden.[4]

Bei der Suche nach dem passenden Rezept hilft u. a. das Orientierungssystem: Welches Rezept ist für welchen Zweck, welchen Anlass, für welche Phase im Entscheidungsprozess das richtige? Die folgende Tabelle 1 gibt zu jedem Rezept einen Hinweis auf den Schwierigkeitsgrad und Zeitaufwand: je mehr Kochhauben, desto schwerer und aufwendiger.

Anlass/Thema	Rezept	Zeitbedarf	Schwierigkeit	Seite
Quellgebiet				
Entscheidungssituationen einschätzen und sortieren	Wir brauchen eine Entscheidung	1	2	41
Zielbilder und Prozesse klären	Aufträge klar formulieren	1	1	46
Das Fundament für die strategische Neuausrichtung legen	SWOT-Analyse	2	2	49
Zukunftsperspektiven beleuchten	Von der Zukunft her gedacht!	2	2	54
Realitätscheck für innovative Ideen vornehmen	Balance zwischen Freiraum und Fokus finden	3	3	58
Änderungsbedarf vs. Gewohntes beibehalten	Standortbestimmung und Entscheiden	3	4	63
Teamentscheidungen mit Sinn erzeugen	Purpose-Driven Decision Making	1	2	69
Suche				
Entscheidungsprozess strukturiert aufsetzen	Strukturhilfen für Entscheidungsprozesse	4	2	74
Rollenklarheit im Team schaffen	Rollen und Verantwortung zuordnen	2	2	80

4 Alle Rezepte des Kochbuchs finden sich auch digital in der Decisio®-Map-Content-Plattform. Weitere Informationen dazu auf https://www.decisio.online/map/Decisio_Welt. Das gesamte Kochmaterial ist als digitales und/oder Print Material auf www.decisio.online/map zu bestellen.

Anlass/Thema	Rezept	Zeitbedarf	Schwierigkeit	Seite
Entscheiden beschleunigen	Prototyping	●	●●	85
Denkroutinen aufbrechen, Perspektivenvielfalt erzeugen	Lösungsoptionen konkretisieren und die Akzeptanz steigern	●	●●	88
Entscheidungsalternativen bewerten	Entscheidungsalternativen bewerten und vergleichen	●	●	92
Aus Scheitern-Szenarien lernen	Pre-Mortem	●	●	99
Vorschnellen Konsens hinterfragen	Des Teufels Advokat	●	●	102
Chancen und Gefahren prozessieren	Dynamische Risikobilanzen	●●	●●●	104
Vom Entweder-oder zum Sowohl-als auch	Konstruktive Kontroversen führen	●	●	110
Beschluss				
Akzeptanz für Beschlüsse erhöhen	Widerstand oder Zustimmung abfragen	●	●	117
Entscheidungen beschleunigen	KonsenT	●	●●●	121
Konsultativer Einzelentscheid	Wenn der Einzelne effektiver entscheidet als die Gruppe	●●●●	●●●●	125
Akzeptanz der Entscheidung erhöhen	Einwände strukturieren und gewichten	●●	●●●	128
Verantwortlichkeiten festlegen	Kollegiale Rollenwahl	●	●	132
Partizipationsmodus festlegen	Der Modus entscheidet, wie entschieden wird	●	●●●	135

Anlass/Thema	Rezept	Zeitbedarf	Schwierigkeit	Seite
Realisieren				
Interaktion in Teams konstruktiv gestalten	Teams den Spiegel vorhalten.	1	1	141
Stakeholder einschätzen u. steuern	Stakeholder-Management	1	2	146
Ergebnisse im Prozess dokumentieren	Komplexe Entscheidungsthemen – Wie behält man alles im Blick?	1	3	149
Die Umsetzung in Schwung halten	Momentum – wieviel Schwung ist in unserer Umsetzung?	1	1	155
Aufgaben priorisieren	Priorisierung von Themen, Getting things done	3	3	160
Beteiligung und Delegation gestalten	Partizipations- und Delegationsgrad bei Entscheidungen – über 7 Grade kannst du gehen.	1	1	164
Verantwortung zuordnen	Wer entscheidet was?	1	1	168
Lessons Learned				
Feedbackergebnisse nutzen	Den Feedbackstrom zum Leben erwecken	1	2	171
Ergebnisse bewerten	Output bewerten: Review	1	2	175
Resonanzen einholen	Resonanzrunden – Quelle für erfolgreiches Prozessgestalten	1	1	179
Zusammenarbeit verbessern	Zusammenarbeit bewerten: Retrospektive	3	2	183

Tab. 1: Navigationshilfe zur Rezeptauswahl

2 Grundlagen fürs Kochen

2.1 Kulinarische Basics für gemeinsames Entscheiden

Susanne Delius

Alle Rezepte bauen auf einigen wenigen, aber wichtigen kulinarischen Basics auf. Es sind grundlegende Prinzipien, Überzeugungen und Grundhaltungen zur Gestaltung von gemeinsamen Entscheidungsprozessen. Sie beschreiben sozusagen den Nährboden, auf dem die Rezepte gelingen.

Basic 1 – Alles beginnt mit der adäquaten Einschätzung der Entscheidungssituation

Effektives Entscheiden wird betriebswirtschaftlich durch Qualität × Geschwindigkeit × Ertrag – Anstrengung definiert (vgl. Sutrich u. Opp 2016, S. 75–76). Je schneller Entscheidungen in hoher Qualität, mit einem hohen Ertrag und mit relativ geringem Aufwand fließen, umso veränderungsfähiger, agiler ist die Organisation. Von Ent-

Abb. 3: Cynefin®-Modell (in Anlehnung an Snowden 2021)

scheider:innen fordert das, die vier Faktoren im Prozess ausgewogen zu gestalten. Die ersten Fragen sind hierbei: Wie bekannt, komplex oder kritisch ist das Thema? Wie vielschichtig, wie neuartig ist die Situation? Diese Fragen kommen vor dem Kochen. Die Antworten auf diese helfen, die Entscheidungssituation adäquat einzuschätzen und zu entscheiden, inwieweit ich das Kochbuch heranziehe und neue Rezepte in den Prozess einbringe oder mich eher auf altbekannte Routinen verlasse.

Zur Einschätzung der Entscheidungssituation nutzen wir das oben abgebildete Cynefin®-Framework (Snowden 2021). Bei allen Entscheidungssituationen, die Sie den oberen beiden Quadranten zuordnen, lohnt sich die Investition in den gemeinsamen Entscheidungsprozess. Genau dann ist ein Blick in unser Kochbuch hilfreich, um sich Anregungen zu holen, wie Sie das Thema im Dialog öffnen, strukturieren, Perspektivenvielfalt einholen etc., um gemeinsam eine gute, qualitativ hochwertige Lösung zu entwickeln.

Die beiden unteren Quadranten sind folgendermaßen zu nutzen: Einfache Entscheidungssituationen sollten routiniert abgearbeitet werden. Hier geht es darum bewährte Praktiken zur Lösung des Problems anzuwenden. Dafür braucht es keine neuen Rezepte, außer die bekannten Routinen führen nicht mehr zum gewünschten Ergebnis. Dann ist die Situation nicht mehr einfach, sondern kompliziert, komplex oder gar chaotisch.

In chaotischen Entscheidungssituationen geht es zunächst darum, kritische, lebensbedrohliche Situationen zu stabilisieren. Der Zeitdruck ist hoch und schnelles, die Krise abwendendes Handeln angesagt. Zeit für einen Blick ins Kochbuch ist selten da. Aber Vorsicht: Gefährlich ist es, schnell zu »alten, scheinbar richtigen« Praktiken aus dem rechten Quadranten zu greifen. Das kann zu katastrophalen Fehlern führen. Ein sukzessives Lernen im Krisenmodus ist wesentlich, um Instabilität zu stoppen, innovative Praktiken zur Lösung zu entdecken und die Situation in Richtung Komplexität zu wenden. Ein Blick in unser Kochbuch hilft, solche Lernprozesse zu gestalten.

Basic 2 – Zum Entscheiden gehören zwei zeitliche Qualitäten: Chronos und Kairos

Die alten Griechen schreiben dem Entscheiden zwei zeitliche Qualitäten zu. Chronos bezieht sich auf den quantitativen Aspekt, die Abfolge, die Taktung, das Verstreichen der Zeit. Chronos beinhaltet

Effizienzkriterien wie die Geschwindigkeit, die Kosten, den Aufwand beim Entscheiden. Die andere zeitliche Qualität beim Entscheiden ist in dem Gott Kairos symbolisiert. Es geht es darum, die Gunst der Stunde, den rechten Augenblick zu ergreifen. Die Kunst liegt nicht nur darin, Kairos zu ergreifen, sondern die günstige Gelegenheit überhaupt erst wahrzunehmen. Denn der richtige Augenblick ist flüchtig. Um ihn zu erkennen, muss man sich achtsam in der Gegenwart bewegen. Kairos lebt unserer Erfahrung nach meistens im Schatten von Chronos. Deshalb stützen sich viele unserer Rezepte mehr auf Kairos als auf Chronos.

Basic 3 – Der Prozess ist wichtiger als die Analyse

Für gutes Entscheiden ist der Prozess wichtiger als die sachlich-inhaltliche Analyse der vorliegenden Situation. Das belegt die heutige Wissenschaft. Ein guter Prozess deckt sicherlich fehlerhafte, schlechte Analysen auf. Eine exzellente Analyse nutzt jedoch nichts, wenn ihr im Prozess kein Gehör geschenkt wird (Lovallo u. Sobony 2010). Eine Möglichkeit, die Qualität von Entscheidungen zu erhöhen, liegt in der Prozessgestaltung. »Die Organisationen werden eine Kultur offenerer Debatten und Dialoge schaffen müssen, in der solche Prozesse gedeihen und blühen können«, so Kahneman (in Schrage 2003, S. 6). Diesem Plädoyer stimmen wir zu.

Die Decisio-Process-Map nutzen wir zur Beschreibung des Entscheidungsprozesses (s. a. Abb. 1). Das Besondere des Decisio-Map-Phasenmodells im Unterschied zu klassischen Prozessmodellen, wie z. B. Input-Process-Output, liegt in seinem dynamischen Prozessverständnis. Der Entscheidungsprozess wird zirkulär immer weitergeführt. Entscheidungen ziehen Folgeentscheidungen nach sich. Nach dem Beschluss ist vor dem Beschluss. Die Lernerfahrungen aus Lessons Learned münden wieder im Quellgebiet. Aus diesem ergeben sich Themen, die wiederum exploriert, geprüft und entschieden werden.

Der Prozess beheimatet kontinuierlich beschreitbare Evaluationsschleifen. Tauchen hinderliche Baustellen bspw. während des Realisierens auf, werden die Gründe dafür analysiert und geprüft, wie die vorherige Umsetzungsplanung an die Wirklichkeit angepasst werden muss. Schon ist man wieder im Quellgebiet. Rekursive Schleifen werden notwendig, wenn der Beschluss in Frage, erneut auf den Prüfstand gestellt werden muss. Zum Beispiel ist das dann der Fall, wenn der Widerstand beim Realisieren so groß ist, dass ein Weitermachen zum Kollaps führt. Eine Rückkehr ins Quellgebiet beleuchtet das Thema noch einmal neu, analysiert die Ursachen für den Widerstand und stößt neue Lösungen an, die auf breitere Zustimmung stoßen. Entscheiden wird auch dadurch als sozialer Lernprozess abgebildet.

Dieses Kochbuch ist ein Lernangebot. Die Rezepte vermitteln neue Methoden zur Gestaltung von Kommunikation und Interaktion beim gemeinsamen Entscheiden. Das gemeinsame Kochen mit neuen Zutaten und Vorgehensweisen erweitert die Prozesssicherheit beim Entscheiden. Klar – die ersten Kochversuche brauchen Zeit, Zutaten müssen besorgt und die Vorgehensweise verstanden werden, es gelingt nicht immer alles gleich zu Beginn, manche Rezepte müssen angepasst werden ... so ist es halt beim Lernen. Übung macht den Meister.

Basic 4 – Fünf Phasen leiten durch den Entscheidungsprozess

Die Decisio-Map gliedert den Entscheidungsprozess in fünf Phasen: Quelle, Suche, Beschluss, Realisieren und Lessons Learned. Zudem ist in jedem Land auch eine Terra incognita, jenes Gebiet, in dem das Unausgesprochene, das Schwelende, das Emotionale eines Prozesses lauert, um zum Einsatz zu kommen.

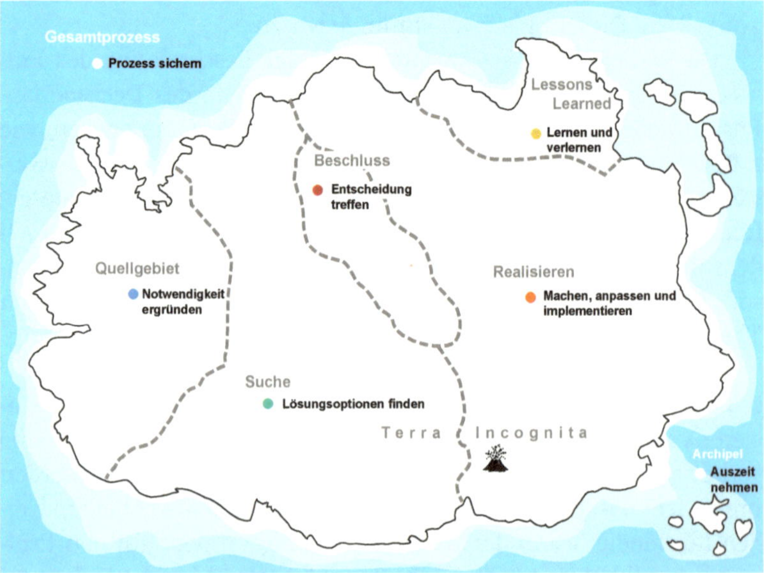

Abb. 4: Decisio®-Task-Map

Jede Phase des Prozesses hat ihre spezifischen Aufgaben. Im Quellgebiet wird exploriert, inwieweit ein Thema mit welchem Sinn zum jetzigen Zeitpunkt in die Arbeit genommen wird – oder eben nicht. Die Reiseroute wird festgelegt. In der Suche werden machbare Optionen entwickelt, geprüft und bewertet. Die Reise führt weiter über den Beschluss zum Realisieren. Die getroffene Entscheidung wird sinn- und zielorientiert umgesetzt – mit allen nötigen Anpassungen an die Wirklichkeit. Lessons Learned ist das Land des strukturierten Lernens, in dem die Organisation aus den gemachten Erfahrungen für die Zukunft lernt. Relativ vertraut ist die Reise durch die Phasen Suche, Beschluss und Realisieren. Eher unbekannt und weniger routiniert findet Entscheiden im Quellgebiet und im Land der Lessons Learned statt. Der Archipel der Kontemplation bietet im Gesamtprozess die Möglichkeit zum Innehalten, zum Retreat. Aus der Distanz lässt sich besser lernen als im operativen Geschäft.

Die Decisio-Map sorgt dafür, dass Sie alle Aufgaben im Blick haben, diese gut bearbeiten und schnell einen Überblick generieren und gewinnen können. Sie sorgt einerseits für Transparenz und andererseits dafür, nichts zu vergessen. Kommunikation und Interaktion sind der Dreh- und Angelpunkt in diesem Prozess.

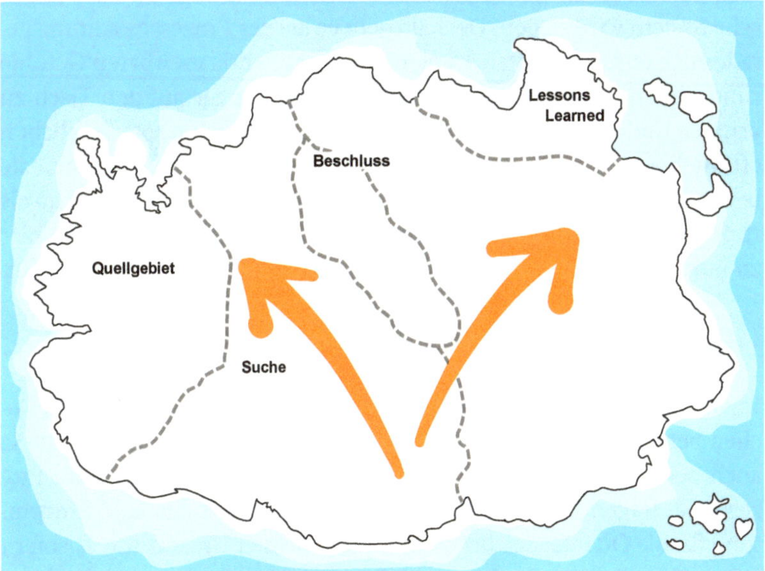

Abb. 5: Decisio®-Map-Standortbestimmung

Die Rezepte in diesem Kochbuch sind den Phasen des Entscheidungsprozesses zugeordnet. Sie helfen anlassbezogen, die Aufgaben im jeweiligen Land strukturiert zu bearbeiten. Es mag der Eindruck entstehen, dass gemeinsames Entscheiden nun immer als 5-Gang-Menü gestaltet werden sollte. Idealtypisch beginnend mit einer Vorspeise aus dem Quellgebiet, je einem Zwischengericht in der Suche und dem Beschluss, die Hauptspeise liegt in der Realisierung und das Dessert als Krönung stammt aus dem Land der Lessons Learned. So ist die Decisio-Map nicht zu verstehen. Unsere Empfehlung fürs Kochen ist: Nutzen Sie den Gesamtprozess mit seinen fünf Ländern als Überblick, um dann zu verorten, in welcher Phase Sie sich befinden und welche Aufgaben dort zum jetzigen Zeitpunkt anstehen. Auf Basis dessen wählen Sie ein Rezept aus, das Sie genau bei diesen Schritten unterstützt.

Basic 5 – Emotion trifft Ratio

Entscheiden ist immer auch emotional. Und das emotionale Bewertungssystem ist viel stärker und mächtiger als das rationale System. Denn nur wenn Emotion und Ratio zusammenspielen, wird eine Entscheidung auch verantwortet und in Handeln überführt. Ansonsten bleibt der rationale Beschluss eine Absichtserklärung. Und das limbische System wird siegen. Deshalb geht es bei der Prozessgestaltung gerade auch darum, die oft schwelenden, nicht richtig greifbaren Gefühle rund um ein Entscheidungsthema aufzugreifen, sie auf den Tisch zu bringen und damit integrieren zu können. Unsere Rezepte beinhalten oft Methoden aus der Bilder- und Metaphernwelt, um das Emotionale bewusst zu machen, ganz nach dem Motto »ein Bild sagt mehr als 1000 Worte«. Rein rational-logische Herangehensweisen greifen hier zu kurz. Die topographische Decisio-Map ist unsere Schatzkiste dafür.

Basic 6 – Alle Beteiligten sind wichtige Player im Entscheidungsprozess

Das Kochergebnis hängt nicht nur vom Küchenchef ab. Alle beim Kochen beteiligten Personen tragen dazu bei, wie das Gericht gelingt. So auch beim Entscheiden. Alle Beteiligten sind wichtige Player im Prozess. Sie tragen in ihrer jeweiligen Rolle eine spezifische Verantwortung für die Qualität des Beschlusses und dessen Umsetzung. Insofern ist es wesentlich in jeder Phase des Prozesses, zu prüfen, wer in welcher Rolle beteiligt ist und sein muss und welcher Beitrag zu integrieren ist.

Basic 7 – Das Ergebnis ist mehr als die Summe seiner Teile
Unsere Rezepte sind allesamt erprobt und haben sich bewährt. Sie haben aber keinen Anspruch auf die alleinige Wahrheit. Das finale Kochergebnis ist immer mehr als die Summe der Teile. Klar, ohne die Zutaten geht es nicht, die müssen eingekauft werden. In welchem Mengenverhältnis sie tatsächlich stehen, wie die richtige Gewürzmischung aussieht, wie lange gekocht wird, was evtl. auch als Rohkost verspeist werden kann – all das hat immer auch mit der spezifischen Situation, dem Thema, den Eigenarten der Köch:innen und den Genießer:innen zu tun. Geschmäcker sind bekanntlich verschieden. Unsere Rezepte laden nicht nur zum Nachkochen ein. Sie laden auch gerade dazu ein, kreativ zu sein, dem Gericht eine spezifische Geschmacksnote zu geben, Zutaten zu reduzieren oder zu hinzuzufügen und die Vorgehensweise anzupassen.

Basic 8 – Die Gestaltung des Dialogs ist der Kern des Prozesses
Das Kochen in diesem Buch besteht im Kern aus der gemeinsamen Zubereitung von Entscheiden, Verantworten und Handeln. Die Art und Weise, wie der Dialog dazu passiert, ist entscheidend für die Qualität der Entscheidung und deren Realisierung. Die Rezepte beinhalten allesamt Methoden, die die Kommunikation und Interaktion der am Entscheidungsprozess beteiligten Personen so strukturieren, dass Perspektivenvielfalt adäquat hergestellt, genutzt und gesteuert wird, um ein qualitativ hochwertiges Ergebnis zu erzeugen.

Reden allein reicht dafür nicht aus. Im folgenden Kapitel 2.2 beschreibt Matthias Ohler die atmosphärischen Basics für gutes gemeinsames Entscheiden.

2.2 Atmosphärische Basics für gemeinsames Entscheiden

Matthias Ohler

Entscheidungen sind spezifische Prozesse in mehr oder weniger strukturierten Konstellationen und Wechselwirkungen menschlicher Interaktionen mit räumlich-dinglich-zeitlichen Gegebenheiten und umgekehrt. Es kommt hier immer auch auf Atmosphäre an. Im Verlauf von Entscheidungsprozessen entwickeln sich atmosphärische

Gegebenheiten und atmosphärische Befindlichkeiten, und es ergeben sich immer wieder, mehr oder weniger deutlich wahrgenommen, atmosphärische Veränderungen. Dies alles sortiert beobachten zu können, trägt dazu bei, ob und wie Entscheidungsprozesse gelingen und welchen Grad an nachhaltiger Verbindlichkeit die in ihnen erzielten Ergebnisse, gefassten Entschlüsse oder Planungen erreichen können. Dabei geht es nicht darum, immer und überall entspannte, selige, harmonische oder sonst welche, meist positiv bewertete Atmosphären zu »schaffen«. Die Metapher (!) Atmosphäre für zwischenmenschliche Gegebenheiten und Erlebbarkeiten zu verwenden, bietet ja gerade die Möglichkeit, zu verstehen, dass da was entsteht und eben nicht einfach »geschaffen« werden kann wie ein leckerer Kuchen oder ein mieses Risotto.[5] Abgesehen davon, dass es zweifelhaft ist, ob es immer diese »positiven« Atmosphären sind, die für gutes Entscheiden die brauchbareren sind.[6]

Aus einer systemtheoretischen Sicht sind Organisationen zentral damit beschäftigt und darauf angewiesen, zur Koordination autonomer Akteure Entscheidungen zu kommunizieren, die »von den jeweiligen Akteuren als Prämissen für ihre eigenen Entscheidungen akzeptiert und genutzt werden«, d.h., dass »Entscheidungen an Entscheidungen anschließen« (Simon 2022, S. 838).

Entscheiden ist, so könnte man formulieren, ein zentrales Formativ organisationaler Prozesse. Man kann von hier aus eine Vielzahl an Einflussfaktoren – sowohl in ihren abstrakten Formen als auch in deren jeweiligen Konkretionen – beobachten und konturieren, die beim Entscheiden bedeutend werden können. Zwischenmenschliche Atmosphären sind einer davon.

In diesem Kochbuch sind sehr spannende Rezepte erfahrener Köch:innen versammelt, die sich für Entscheidungsprozesse häufig als hilfreich und wirksam erwiesen haben. Die Perspektive – oder sagen wir doch ruhig: das Würzsortiment – zwischenmenschlicher Atmosphäre dabei als Möglichkeit im Portfolio zu haben, dürfte günstig sein; sei es, um selbst zu würzen, sei es, um mitspielende Würzungen zu erkennen und zu entschärfen, verschärfen – oder irgendwie anders in ihrer Wirksamkeit zu beeinflussen.

---

5 Ein ausführlicherer Versuch, die Metapher Atmosphäre zu beschreiben und daraus praktische Folgerungen zu entwickeln, findet sich bei Matthias Ohler (2022).

6 Das gilt ja auch für Konflikte, die als solche zu häufig nur negativ bewertet und in ihrer treibenden Funktion unterschätzt werden. Vgl. Simon, F. B. (2022): Einführung in die Systemtheorie des Konflikts. Heidelberg (Carl-Auer), 5. Aufl.

Atmosphäre ist ein wesentliches Struktur- und Motivationsmerkmal in der Organisation menschlicher Beziehungen. Das kann man tagtäglich erfahren und versprachlicht hören. In professionellen Kontexten werden Atmosphären allerdings bislang wenig organisiert erfasst bzw. in ihrer Komplexität teils noch nicht ausreichend verstanden. Auch das ist zuerst einmal nicht besonders verwunderlich. Die Begrifflichkeit Atmosphäre, angewendet auf Zwischenmenschliches, ist wie gesagt eine Metapher, übertragen aus einem anderen Begriffsbereich, wo Atmosphäre natürliche Phänomene beschreiben soll, die mit den dort bewährten methodisch-wissenschaftlichen Zugängen beobachtet und erklärt werden.

Die Kunst ist es, das komplexe atmosphärische Geschehen zwischen räumlich-dinglich-zeitlichen Gegebenheiten als äußeren und menschlicher Kommunikation und deren wechselseitiges Wirkspiel als in unserem Inneren befindlichen schnell zu erfassen und so das, was ich das »zwischenmenschliche Nervensystem« nenne, konstruktiv und wirksam zu beeinflussen.[7]

Hier ist nicht der Raum, das umfassend auszuführen, aber einige Grundthesen zur Bedeutung (im doppelten Wortsinn) von Atmosphäre – mit dem Bewusstsein, dass es sich um eine »große«, schon weit ausdifferenzierte Metapher handelt, die spezifische Wahrnehmungs- und Verstehenschancen eröffnet[8] – seien hier angeboten. Sie stecken einen Rahmen ab, in den man auch die Kochrezepte, die je für sich ihr ganz eigenes Potenzial zur Verfügung stellen, das eine oder andere Mal einsetzen kann. Danach folgen noch einige Tipps und ein Reflexionsschema.

Grundthesen

I) Was wir als Atmosphäre erleben – im hier interessierenden Sinn – kann immer als *hergestellt* beschrieben werden. Es wird aber meist nicht oder nicht mehr als hergestellt *erlebt*.

II) Der Begriff bzw. das metaphorische Konzept Atmosphäre bewegt sich auf der unscharfen und durchlässigen Grenze

7 Der Münchner Coach und Berater Raimund Schöll hat das Konzept der Atmosphärischen Intelligenz® in seinen Grundformen entworfen und dann gemeinsam mit dem Verfasser eine Zeit weiterentwickelt. Vgl. Schöll (2007) und (2009). Eine von dessen metaphorischer Grundstruktur ausgehende Beschreibung des Konzepts findet sich in Ohler (2022).

8 Eine ausführliche Darlegung metaphorischer Strukturen und deren welt- und wahrnehmungskonstituierende Leistung findet sich bei Lakoff u. Johnson (2021).

zwischen zwei polaren Aspekten: Naturgewalten (nicht beeinflussbares Geschehen bzw. nicht beeinflussbare Zustände) und Artefakte (hergestelltes Geschehen bzw. hergestellter Zustand). Es braucht, um etwas damit anfangen zu können, zwar den *Bezug* zu dieser Unterscheidung, aber nicht immer eine Entscheidung zwischen beiden Aspekten.

III) Die unterschiedliche Fokussierung auf einen der beiden polaren Aspekte (Naturgewalten/Artefakte), vor allem aber die Bewegungsmöglichkeit auf einem durch diese Polarität ausgespannten Skalenraum, macht den Begriffsraum Atmosphäre mobil und elastisch für die Beschreibung von Erleben und eben dadurch wiederum dem Erleben angemessen. Zudem erlaubt sie, eigene Beiträge und eigene atmosphärische Möglichkeiten zu erforschen, sowohl im aktiven gestalterischen wie im passiven, »erleidenden« Modus (s. a. V).

IV) Die Einnahme verschiedener Perspektiven aus dem Herstellungs-Pol (Artefakte) erlaubt die Beobachtung verschiedenster Aktivitäten, Strukturaspekte (z. B. Zeit und Ort) und Dinge, die als atmosphärisch wirksam erlebt werden: *Aktanten*. Sie stehen für unterschiedliche Möglichkeiten der Beitragswirksamkeit zu einem atmosphärischen Geschehen.

V) Mit den getroffenen Unterscheidungen werden auch Unterscheidungen bezüglich der je eigenen aktiven und passiven Beteiligung bezogen auf Atmosphären ermöglicht und in einer polaren Form besprechbar: eher *Agens* oder eher *Patiens*.

VI) Der Fokus auf zwischenmenschliche Atmosphäre erlaubt es, Szenarien und Methoden ihrer Beobachtung in organisierten Formen menschlichen Zusammenseins zu entwickeln (Unternehmen, Schulen, politische Parteien, etc.). Des Weiteren können individuelle Verhältnisse und individuelles Verhalten darin und dazu bemerkt und beobachtet werden. Daraus können darauf bezogene Handlungsoptionen entwickelt werden sowie besondere Möglichkeiten für Konsultation und Beratung in diesen Kontexten.

Es lassen sich auf dieser Grundlage auch einige Tipps zur Entwicklung atmosphärischen Denkens und Handelns formulieren, die hier aufgeführt sind:[9]

9 Variation 8 nach einer früheren Vorlage von Raimund Schöll.

Tipps

1) Vertrauen Sie Ihrem Gefühl und nehmen Sie wahr, was Ihnen Ihr Körper (oder Ihr »Felt Sense« / »Gefühlter Sinn«) zu gegebenen Situationen signalisiert *(atmosphärische Resonanz)*.
2) Versuchen Sie bei erlebten Atmosphären – ganz gleich wie Sie diese in Ihrem Erleben bewerten (gut, schlecht, unangenehm, angenehm, förderlich, grässlich, ...) – herauszufinden, welche Aktanten im Spiel sind, welcher Aktant Sie selbst sind, und für wen *(atmosphärische Besetzung und Adressierung)*.
3) Beobachten Sie Sprachspiele, Habitusformen, Beziehungsgestaltungen der Menschen, mit denen Sie gerade sind, und welche davon Sie anbieten *(atmosphärischer Markt)*.
4) Fragen Sie sich, ob Sie eine Atmosphäre beeinflussen können oder wollen, ob Sie das jetzt entscheiden sollten bzw. können oder später oder gar nicht, und ggf. wie das alles *(atmosphärische Balance)*.
5) Fragen Sie sich, ob Sie sich gegenüber einer erlebten Atmosphäre anders positionieren können (sie z. B. verlassen, oder in sie eintreten, oder darüber, wie sie diese aushalten) und was Sie tun können, wenn Sie an der Teilhabe wenig oder nichts ändern können *(atmosphärische Resilienz)*.
6) Bringen Sie, wo es Ihnen günstig erscheint, Atmosphäre ins Gespräch. Über das Wetter zu reden, ändert selten das Wetter, aber vielleicht die Wahrnehmung der Möglichkeiten, darin was anzufangen. Das Reden über zwischenmenschliche Atmosphäre kann diese schon beeinflussen *(atmosphärische Performativität)*.
7) Pflegen Sie Ihre Neugier darauf, was Sie über Atmosphären noch nicht kennen, und was Ihnen diese Perspektive ermöglichen wird *(Forschungschancen über den Fokus Atmosphäre/Atmosphärologie)*.
8) Welche Möglichkeiten zur Kopplung mit anderen Perspektiven und Konzepten nehmen Sie wahr *(gegenseitiges Dienstleistungsverhältnis von Konzepten und Methoden untereinander)*.

Hier folgt nun abschließend ein Reflexionsschema zur persönlichen atmosphärischen Vorbereitung auf bevorstehende Entscheidungen. Es kann – besonders bei wiederholter Anwendung – die Fähigkeit schärfen, das komplexe Wirkungsgeschehen aller möglichen die Atmosphäre beeinflussenden Faktoren und das eigene Befinden als

Beteiligter mehr oder weniger rasch zu erfassen, sowie zu erkennen, welche Faktoren durch einen selbst direkt zu beeinflussen oder »nur« zu beobachten sind. Die genaue »nur« begleitende Beobachtung atmosphärischen Geschehens ist hier allerdings schon als eine besondere Form der atmosphärischen Einflussnahme zu verstehen, mindestens auf die Binnenatmosphäre dessen, der beobachtet, während er bspw. verhandelt, häufig von dort ausgehend allerdings auch auf die von anderen Beteiligten erlebte Atmosphäre.

Atmosphäre beobachten und in Entscheidungsprozessen integrieren

I) Der Anfang

Nehmen Sie innerlich Kontakt mit der bevorstehenden Entscheidungssituation und Entscheidungskommunikation auf. Bedienen Sie sich dabei auch Ihrer bisherigen Erfahrungen mit ähnlichen Situationen bzw. Prozessen, ganz gleich wie diese verliefen.

Betrachten Sie möglichst ruhig und wie aus einer Perspektive der dritten Person, was Sie bei der bevorstehenden Situation bzw. Kommunikation besonders angeht oder gerade beschäftigt und inwiefern dies mit Atmosphärischem zu tun hat.

II) Die Frage

Formulieren Sie so genau wie möglich für sich eine *Frage*, die Sie in Zusammenhang mit der bevorstehenden Situation/Kommunikation beschäftigt.

- Äußern Sie die Frage nicht laut.
- Sehen Sie die Frage eine Weile an.
- Was setzt diese Frage in Szene?
- Lassen Sie sich Zeit, eine ausführliche imaginierte Präsentation einer Szenerie sich entwickeln zu lassen, die örtliche, zeitliche, menschliche und weitere Beteiligungen zu erkennen gibt.
- Schauen Sie jetzt auf Ihre Frage. Ist sie noch die gleiche? Hat sich etwas in der Frage geändert?
- Was setzt die Frage jetzt in Szene? Ist etwas anders? Ist es bedeutend?

III) Die Entfaltung

Nehmen Sie alles, was in der Imagination atmosphärisch beteiligt und da ist (die Aktanten), in die Sinne:

- visuell: Was sehen Sie?
- auditiv: Was hören Sie?
- kinästhetisch: Was tasten Sie?
- olfaktorisch: Was riechen Sie?
- gustatorisch: Was schmecken Sie?

Offenbart sich eine Art der Sinneseindrücke besonders deutlich? Lassen Sie sich Zeit.

Schauen Sie auf Ihre Frage. Ist sie noch die gleiche? Hat sich etwas in der Frage geändert?

Richten Sie Ihre Aufmerksamkeit auf andere Modalitäten wie

- Temporales: Wann findet es statt?
- Lokales: Wo findet es statt?
- irgendwas sonst: Irgendwas sonst?

Lassen Sie sich Zeit.

Schauen Sie auf Ihre Frage. Ist sie noch die gleiche? Hat sich etwas in der Frage geändert?

IV) Der (Ent-)Schluss

Achten Sie jetzt darauf, wohin sich Tendenzen für Sie richten, aktiv zu werden.

Auf was genau beziehen sich diese Tendenzen?

Sie können die Schleife I. bis III. noch einmal oder mehrmals durchlaufen.

Stellt sich etwas ein wie: Ein Impuls, irgendetwas zu tun? – Eine Art Entschluss?

V) Mitnehmen

Greifen Sie die Frage in der Form, die sie zuletzt zeigte, wie aus der Luft in Ihre Hand und stecken Sie sie irgendwo bei sich ein.

Gehen Sie in die Situation bzw. Kommunikation mit der Aufmerksamkeit auf den Moment, als Sie die Frage einsteckten.

Denken Sie während der Situation bzw. Kommunikation immer wieder mal an Atmosphäre.

Wenn es Ihnen möglich ist, lächeln Sie sich dabei innerlich zu.

Hintergrund der Wirksamkeit dieses sich rein auf die Form und besonders auf die Entwicklung der Frage[10] verlassenden Reflexions-

10 Es geht nicht darum, dass die Frage sich verändert. Das ist zwar meistens der Fall, aber nicht primäres Ziel und nicht notwendig.

schemas sind Erkenntnisse aus Grammatik, Phänomenologie und Systemtheorie.[11] Hier nur noch eine kurze grammatische Bemerkung: Jede Frage enthält mindestens ein Verb, aus dessen oder aus deren Bedeutung sich immer bestimmte semantische Strukturen ableiten. In der Beschäftigung mit der ausführlichen, durch eine Frage angeregten Inszenierung einer Situation liegt die Wahrscheinlichkeit, dass diese Strukturen plastisch (imaginativ, körperlich, etc.) erfahrbar werden und ihre Befragung sich verändert, wodurch sich wiederum die Wahrnehmung bislang unbeachteter Einflussmöglichkeiten ergeben kann – und häufig auch ergibt.

Das Reflexionsschema hat sich besonders dort bewährt, wo es wichtig ist, sich um die Vermittlung eines offenen Hineingehens in eine Situation bzw. Kommunikation mit einer zugleich gefestigten »Haltung« und dem Gefühl von Aktivitätssicherheit zu kümmern.

2.3 Decisio-Map-Kochzutaten

Es gibt viele Möglichkeiten, ein Essen auf den Tisch zu bringen. Jeder Koch ist da anders. Der Einkauf und die Vorbereitung der Zutaten ist jedoch immer der erste wichtige Schritt beim Kochen – so auch bei der Anwendung der Entscheidens-Rezepte. Was Sie für ein Gericht Ihrer Wahl einkaufen und vorbereiten müssen, ist in jedem Rezept beschrieben.

Wie in Kapitel 2.1 beschrieben, bauen alle Rezepte auf einigen wenigen, aber wichtigen kulinarischen Basics auf. Sie beschreiben sozusagen den Nährboden, damit die Rezepte gelingen können. Die Decisio-Map in ihren unterschiedlichen Formaten ist unser Kernwerkzeug zur Gestaltung von Entscheidungsprozessen und damit häufige Grundzutat fürs Kochen. Die unterschiedlichen Formate der Decisio-Map und die Decisio-Map-Leitfragen haben wir Ihnen im Folgenden zusammengestellt.

Die hier aufgeführten Kochutensilien (Decisio-Map-Formate sowie die -Leitfragen) sind sowohl digital als auch als Print Material auf unserer Webseite Decisio-Map bestellbar. Alle Rezepte des Kochbuchs inklusive der Materialien finden sich auch digital in der Deci-

11 Etwas ausführlicher ist dies nachzulesen in Ohler (2022). Nützlich für das vertiefte Verständnis sind Erfahrungen mit philosophischer Phänomenologie und Grammatik. Notwendige Voraussetzung ist beides nicht.

sio-Map-Content-Plattform. Weitere Informationen dazu auf https://www.decisio.online/map/Decisio_Welt.

Process-Map

Die Process-Map beschreibt Entscheiden-Verantworten-Handeln als dynamischen, zirkulären Prozess. Sie verdeutlicht die Notwendigkeit und Gleichwertigkeit jeder einzelnen Phase im Prozess und macht eindrücklich transparent, dass die Phase des Beschlusses nur eine von fünf Phasen ist.

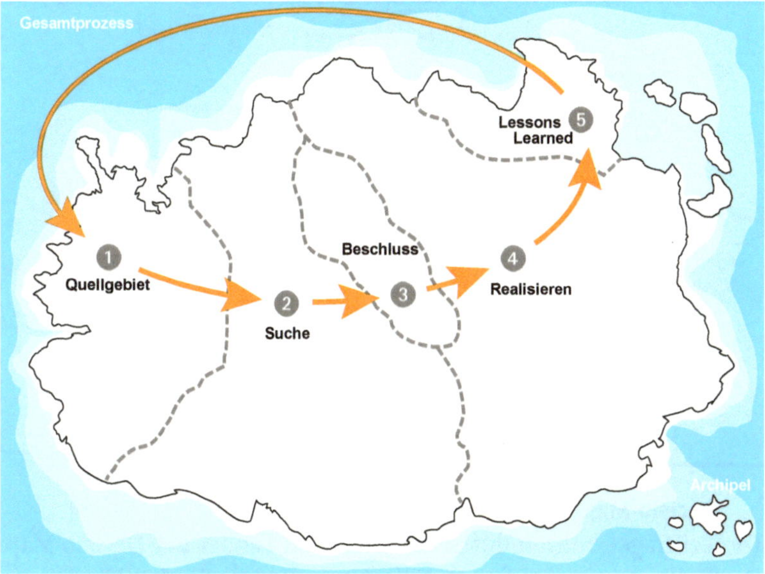

Abb. 6: Process-Map

Task-Map

Die Task-Map beschreibt, welche Aufgaben in den einzelnen Phasen des Entscheidungsprozesses anstehen und bearbeitet werden sollten. Damit bietet sie eine Orientierungslogik und macht den Prozess Schritt für Schritt und Land für Land bearbeitbar. Sie ist sozusagen der Leitfaden bei der Gestaltung von gemeinsamen Entscheidungsprozessen. Sie sorgt zum einen dafür, dass in der Gänze des Prozesses nichts vergessen wird. Zum anderen kann mit ihr der Fokus auf eine konkrete Phase gelegt werden, um »in die Tiefe zu bohren«.

Wenn bspw. Beschlüsse nicht realisiert werden, zeigt sich häufig, dass Aufgaben aus den vorherigen Phasen nicht bzw. nicht gut erledigt worden sind.

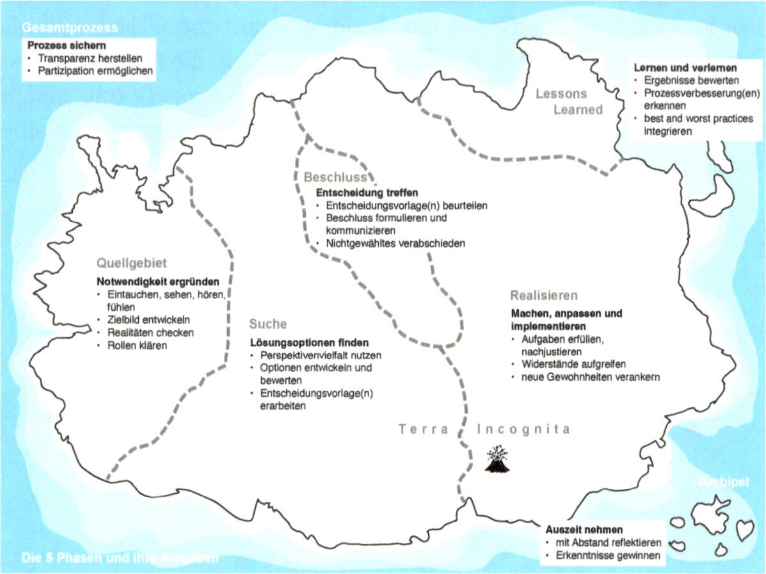

Abb. 7: Task-Map (vgl. Abb. 4 auf S. 24)

Decisio-Map-Leitfragen

Die Leitfragen führen durch die einzelnen Länder der Decisio-Map: Die Reflexion der Leitfragen hilft dabei, die Jobs in den Ländern in den Blick zu nehmen und zu bearbeiten.

Leitfragen Quellgebiet

- Welche (leisen) Signale werden angeschwemmt und sind an der Küste zu spüren, zu sehen, zu hören?
- Warum beschäftigen wir uns gerade jetzt damit?
- Wer ist wie davon betroffen? Wie sind die Betroffenen am Prozess beteiligt oder zu beteiligen?
- Wie motiviert, euphorisiert, leidenschaftlich, überzeugt sind wir – die Betroffenen –, um den Prozess mit genügend Power durchzuhalten?
- Woran werden wir eine gelungene Umsetzung erkennen?

Leitfragen Suche

- Welche Optionen sind denkbar?
- Welche Perspektiven bzw. Risikoeinschätzungen gehören auf den Tisch?
- Nach welchen Kriterien bewerten wir die Optionen?
- Welche Ressourcen bzw. Kompetenzen benötigen wir für das Realisieren?
- Was können wir ausprobieren, testen, in die Feldforschung geben?

Leitfragen Beschluss

- Nach welchen Kriterien beurteilen wir die Entscheidungsvorlage(n)?
- Wie schaffen wir es, relevante Einwände zu hören und zu integrieren?
- Wie lautet der Beschluss und wie wird er kommuniziert?
- Wie schaffen wir es, uns von den nicht gewählten Optionen gut zu verabschieden?
- Wie sieht unser Plan B aus?

Leitfragen Realisieren

- Wie fördern wir effektives und konstruktives Umsetzen?
- Wie implementieren und verankern wir neue Praktiken?
- Wie inszenieren wir erfolgreich?
- Wie gehen wir mit Überraschungen, Spannungen, Konflikten, Widerständen um?
- Wie stellen wir sicher, dass Lernen erwünscht ist?

Leitfragen Lessons Learned

- Wie stellen wir sicher, dass wir sowohl in der Sache als auch im Prozess des Zusammenarbeitens lernen?
- Was gilt es zu verlernen?
- Wie stellen wir sicher, dass relevante Lernerfahrungen in der Organisation genutzt und implementiert werden?
- Wie nutzen wir unsere Erfahrungen, um Neues zu generieren?
- Was haben wir nicht gelernt und wie können wir dieses Wissen nutzen?

Leitfragen Gesamtprozess

- Wie entscheiden wir, wer was entscheidet?
- Wie stellen wir sicher, dass die »richtigen« Perspektiven am Prozess beteiligt sind?
- Wie wird die Kommunikation aller Beteiligten gestaltet und gesteuert?
- Wobei fördern bzw. hindern unsere kulturellen Glaubenssätze?
- Wie soll Lernen und Verlernen bei uns stattfinden?

Leitfragen Archipel

- Was sehe, höre, rieche, schmecke und taste ich, wenn ich mit Abstand auf den Kontinent schaue?
- Wenn ich meinen Körper frage, was sagt er mir?
- Welche Metaphern, Bilder beschreiben das am besten?
- Was brauche ich, um wieder gut auf den Kontinent zurückgehen zu können?
- Wie überprüfe ich meinen Weg?

Leitfragen Terra incognita

- Was sind die »Hidden Agendas«, über die nicht gesprochen wird?
- Was ist (unbewusst) schon entschieden, aber noch nicht benannt?
- Welche Unsicherheiten, Ängste stecken hinter leisen und lauten Signalen?
- Wie schaffen wir es, das emotional Mitschwingende wahrzunehmen und zu nutzen?
- Wo besteht die Gefahr, dass Leidenschaft, Euphorie, Macht, Politik etc. die notwendige Skepsis überdeckt?

Leitfragen Grenzübergänge

- Woran erkennen wir, dass die Zeit reif ist, um in die nächste Phase zu gehen?
- Wie sieht die dynamische Risikobilanz bis jetzt aus?
- Haben wir ausreichend Energie, um den Prozess durchzuführen?

Docu-Map

Die Docu-Map bietet sich an zur fortlaufenden Dokumentation von Arbeitsergebnissen, Vereinbarungen, Entscheidungen. Ihre Einsatzmöglichkeiten sind vielfältig: zur Analyse von laufenden Entscheidungsprozessen, als Container für Arbeitsergebnisse, bei Auftragsklärungen, für Retrospektiven, als Sortierhilfe.

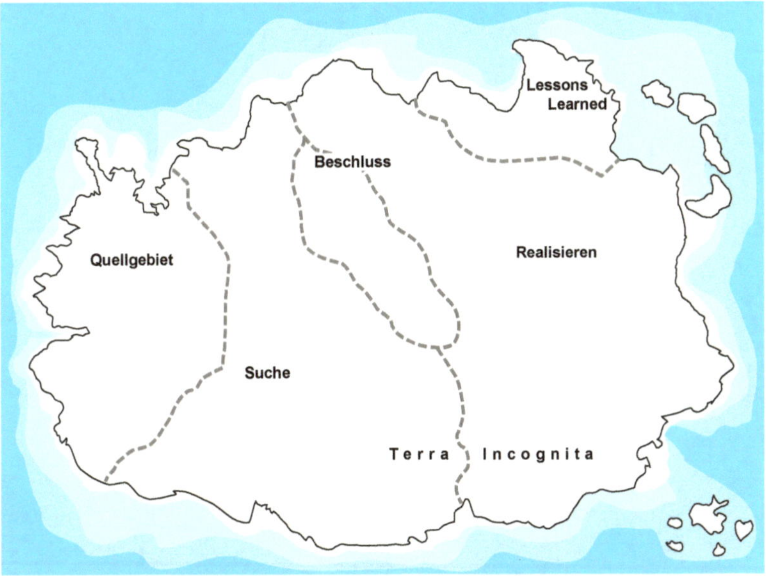

Abb. 8: Docu-Map

Metaphern-Map

Die Metaphern-Map stellt den Decisio-Kontinent topographisch mit Orten, Gebieten, Wegen und Landschaften dar. Sie liefert mit ihren Reisemetaphern Inspiration und Sprachangebote insbesondere für den emotionalen, unbewussten Teil des Entscheidens. Getreu dem Motto »ein Bild sagt mehr als tausend Worte« helfen die Bilder und Metaphern, Emotionen, Konfliktpotenziale, Unausgesprochenes zu verorten und zu besprechen. Resonanzen (Stimmung, Gefühle etc.) lassen sich aufzeigen. So werden Blockaden oder Widerstände im Prozess sichtbar und können konstruktiv bearbeitet werden.

Abb. 9: Metaphern-Map Basic

3 Länderspezifische Rezepte

3.1 Quellgebiet: Rezepte zum Ausleuchten, Startklarmachen von Themen

3.1.1 Wir brauchen eine Entscheidung! Schritt 1: Entscheidungs-Situationen gemeinsam einschätzen und sortieren – 4-Felder-Matrix im Einsatz

Cornelia Strobel

Thema

Wir alle wissen, dass unterschiedliche Situation unterschiedliche Herangehensweisen erfordern. Diese ziehen unterschiedliche Aufwände nach sich. Sich im ersten Schritt gemeinsam darauf zu verständigen, um welche Entscheidungssituation es sich handelt und welchen Aufwand diese zu bearbeiten nach sich zieht, erspart viele Diskussionen, Schleifen und manche Überraschung. Mit der nachfolgend beschriebenen 4-Felder-Matrix bieten wir eine strukturierte Sortierhilfe an. Das Befüllen der Matrix kann sowohl einzeln als auch im Team stattfinden. Es empfiehlt sich auf jeden Fall, die gefundene Einschätzung durch einen anschließenden Dialog zu verifizieren. Die Methode kann sowohl in Präsenz als auch virtuell genutzt werden.

Zutaten

- Skizzierung des Themas bzw. der Ausgangs- oder Problemsituation
- Flipchart/Whiteboard mit 4-Felder-Matrix
- Post-its und Stifte bzw. vorbereiteter Frame im Whiteboard

Vorgehensweise/Zubereitung

1) Machen Sie sich mit der 4-Felder-Matrix vertraut:
Die y-Achse beschreibt die erwartete Auswirkung der Entscheidung auf die Organisation, die x- Achse zeigt wie gestaltbar/beeinflussbar die Entscheidungssituation ist. Wir unterscheiden die 4 Felder

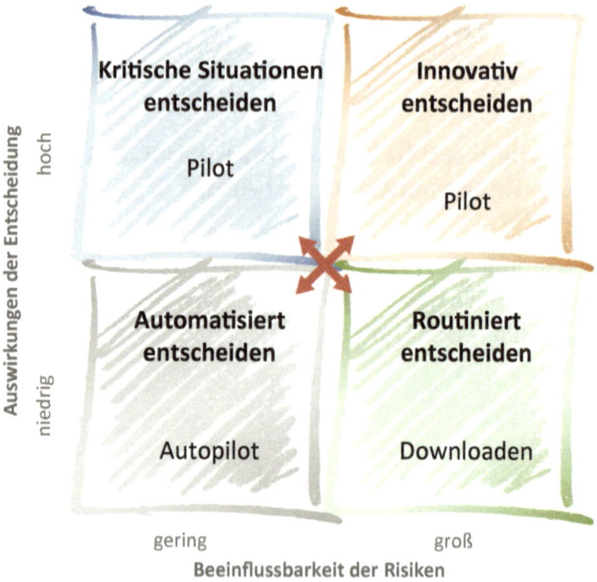

Abb. 10: 4-Felder-Matrix

Automatisiertes Entscheiden, routiniertes Entscheiden, in kritischen Situationen entscheiden und innovatives Entscheiden.

- Automatisiertes Entscheiden beschreibt die Situationen, die Sie bspw. tagtäglich aus Ihrer Funktion heraus treffen, ohne groß darüber nachzudenken. Situationen, in denen Sie häufig nicht bemerken, dass Sie eine Entscheidung überhaupt getroffen haben. Beispiele dafür sind Gedanken wie: »Jetzt rufe ich kurz den oder die an, um eine Situation zu klären oder eben anders«, »Ich schreibe kurz eine E-Mail«. Die Vorgehensweise in diesem Quadranten hängt stark von Ihren persönlichen Vorlieben ab. Sie entscheiden im Autopiloten. Ihr Gestaltungsspielraum ist begrenzt, geht nicht über Ihren direkten Einflussbereich hinaus und die Auswirkung auf die Organisation ist niedrig.
- Routiniertes Entscheiden kommt häufig bei akut auftretenden Problemen zum Einsatz. Das Problem wird besprochen, Lösungen gesucht und gefunden, Vorgehen optimiert etc. Darin sind wir sehr geübt. Wir haben Routinen entwickelt, nach denen wir vorgehen. Viele Problemlösungsmetho-

den kommen zum Einsatz. Typisches Beispiel sind Feuerwehreinsätze, die dafür sorgen, dass das akute Problem gelöst wird. Wir analysieren und leiten daraus die konkreten Schritte ab. Unser Gestaltungsspielraum ist relativ groß und die Auswirkung auf die Organisation hält sich in Grenzen.

- Kritische Situationen entscheiden: Spätestens die Pandemie hat uns wieder deutlich vor Augen geführt, dass klassische Problemlösungsmechanismen in diesem Quadranten nicht wirken. Die Dinge sind nicht bekannt, komplex, volatil und die Wirkung von Entscheidungen zeigt uns erst die Zukunft. Unser Gestaltungsspielraum ist begrenzt, da wir verminderte Ressourcen zur Verfügung haben. Häufig ist die Ressource »Zeit« extrem kritisch. Und die Ressource »Kommunikation« die entscheidende für den Erfolg. Hier gilt es, den Raum für Entscheidungen besonders gut auszuloten. Damit aus kritischen Situationen nicht Krisen werden.
- Innovatives Entscheiden ist dann gefragt, wenn es darum geht, »durch die Decke« zu denken, zu entscheiden und zu handeln. Es bedeutet, das Neue, das Unbekannte in den Entscheidungsraum hereinzulassen bzw. hereinzuholen. Hier geht es um die Zukunft der Organisation, um zukünftiges Überleben. Viele Aufgaben wie Visionen, Leitbild entwickeln, Strategie- und Innovationsprozesse gestalten etc. gehören in dieses Feld. Die Atmosphäre (s. Abschn. 2.3) unterscheidet sich. Manche sagen: Es wird am System gearbeitet und nicht im System optimiert. Hier ist die Auswirkung bzw. Bedeutung der Entscheidungen sehr hoch, und wie sie gestaltet, ausgestaltet wird, ebenfalls. Eine Vielzahl von Modellen, Theorien und Methoden, um diesen Quadranten gut bearbeiten zu können, füllen viele Bücher. Eines ist allen gemein: Nur wenn ich bzw. wir das bisher Nichtgedachte zulassen bzw. das Neue auch aussprechen, explorieren, weiterdenken, hat das Neue eine Chance, wirksam zu werden.

2) Präsentieren der konkreten Situation
3) Raum für Verständnis- und Reflexionsfragen (ca. 15 Min.)
4) Austausch in Kleingruppen à 3–4 Personen, Ergebnisse festhalten auf Post-its (10 Min.):
   - Wie sortieren wir die Situation ein?
   - Was bringt uns zu dieser Einschätzung?

- Wie »sicher« fühlen wir uns mit dieser Sortierung?
- Was fehlt uns noch, um mehr Substanz an unsere Sortierung zu bekommen?

5) Zusammenführen im Plenum (15–30 Min.):
Festhalten der Ergebnisse auf vorbereitetem Flipchart/Whiteboard
   - Welche Gemeinsamkeiten und welche Unterschiede erkennen wir?
   - Wie kritisch sind für uns die Ergebnisse? Wie risikoreich bzw. risikoarm schätzen wir die Ergebnisse ein?
   - Worauf einigen wir uns was brauchen wir noch, um frohen Mutes in die nächste Phase der Lösungssuche zu gehen?

Ergebnis

Alle Beteiligten haben sich über die Bedeutung und den Gestaltungsspielraum bei konkreten Entscheidungssituationen verständigt. Mögliche Unterschiede in der Einschätzung werden dabei transparent. Damit einhergehende Risikoerwartungen sind berücksichtigt. Zu erwartender Aufwand nimmt Gestalt an.

Aufwand/Zeit/Schwierigkeitsgrad

- Vorbereitung der Zutaten: Skizzieren des Themas, Flipchart/Whiteboard (15 Min.)
- Zubereitung: 45–60 Minuten
- Schwierigkeitsgrad: mittel
- Moderation empfohlen

Tipps/Hinweise

Wann immer der Prozess zu große Unterschiede in der Einschätzung der Situation aufweist, eine gemeinsam getragene Sortierung nicht bzw. nur schwer zustande kommt, lohnt es sich, auf die Skizzierung der Situation zu schauen. Sprechen wir von dem Kern? Der Ursache oder eher vom Symptom? Wie sollte die Ausgangssituation formuliert sein, damit wir gut damit weiterarbeiten können?

Beispiel

Ein Leitungsteam eines mittelständischen Unternehmens hatte sich bei seiner jährlichen Klausurtagung zur Aufgabe gesetzt, seine gemeinsam zu treffenden Entscheidungen auf eine gemeinsame Basis zu stellen. Nachdem das Team die gemeinsamen Aufgaben und damit auch die gemeinsam zu treffenden Entscheidungen in einem vorgeschalteten Schritt herausgefiltert hatte, nutzte es die 4-Felder-Matrix, um diese Entscheidungen zu clustern. Dabei rückte die Ressourcenplanung in den Mittelpunkt. Das Team stellte fest, dass die bisherige routinierte Vorgehensweise in der Projekt-/Funktionszuordnung an ihre Grenzen stieß. Denn der »Engpass Personal« war sehr groß geworden. Das Team stellte fest, dass es mit seinem normalen Vorgehen des routinierten Entscheidens mit »eingefahrenen« Problemlösungsstrategien und Ver-/Zuteilungsweisen nicht mehr zurechtkam. Es knirschte permanent zwischen Linie und Projekt. Projekte verzögerten sich massiv, wurden teurer, Kunden beschwerten sich … Das Team einigte sich in mehreren moderierten Dialogrunden darauf, dass das Thema wohl besser im Quadranten »kritische Situationen entscheiden« aufgehoben ist und dass dafür das Leitungsteam in sehr kurzen Abständen Krisensitzungen einberuft, um sehr schnell reagieren bzw. agieren zu können. Parallel dazu wurde ein Team beauftragt, kreative, innovative Methoden, Strategien zu entwickeln, um geeignetes Personal zu finden, attraktiv als Arbeitgeber:in zu bleiben und das Personal auch zu halten. Ein Teil des Themas landete damit im Quadranten innovatives Entscheiden. Ein schönes Beispiel dafür, wie Themen durch die 4-Felder-Matrix wandern können. Und wie wichtig es ist, sich dem Wechselspiel zwischen Piloten und Autopiloten bewusst zu sein und dieses achtsam im Blick zu halten.

Variationen

Die Methode kann auch im laufenden Entscheidungsprozess eingesetzt werden. Es empfiehlt in jedem Fall, sobald der Prozess stockt, sobald größere Hindernisse/Schwierigkeiten auftreten. Die Fragen, die Sie stellen können, sind: Wie schätzen wir zum jetzigen Zeitpunkt die Situation ein? Hat sich die Einschätzung gegenüber unserer ersten Arbeit verändert? Sind wir noch mit der »richtigen« Vorgehensweise unterwegs? Bearbeiten wir bspw. die Situation im Problemlösemodus und eigentlich gehört er in die Rubrik kritische Entscheidungssituation und erfordert damit andere Vorgehensweisen?

Passt gut zu …

Um zu einer gemeinsam getragenen Bewertung der Sortierung zu kommen, kann die Widerstandsabfrage genutzt werden (s. Rezept 3.3.1).

Raum für eigene Gedanken/meine Notizen

3.1.2 Aufträge klar formulieren

Susanne Delius

Thema

Ein konkreter Auftrag liegt vor: Ein Thema soll bearbeitet, ein Problem gelöst werden. Die Auftragsklärung konkretisiert das Zielbild der Zukunft, beschreibt Sinn und Zweck und setzt sich mit den Gefahren und Chancen aus verschiedenen Perspektiven auseinander. Daraus wird abgeleitet, wie ein sinnvoller, tragfähiger Prozess zur Auftragsabwicklung aussehen muss.

Zutaten

- konkreter Auftrag (Projektziel, Thema, Problem)
- Auftraggeber:in/Auftragnehmer:in
- Welche Personen in welchen Rollen gehören zum Auftrag dazu, müssen bereits bei der Auftragsklärung hinzugenommen werden?
- Decisio-Map-Leitfragen zur Auftragsklärung

Vorgehensweise/Zubereitung

Decisio-Map-Leitfragen zur Auftragsklärung

1) Auftrag mit den Decisio-Map-Leitfragen in den jeweiligen Ländern reflektieren. Geeignete Fragen zur Reflexion sind bspw.: Wo stehen wir in dem Auftrag? Welche Fragen sind noch zu beleuchten? Welche sind schon klar beantwortet?

Quellgebiet:

- Welchen Sinn und Zweck verfolgt der Auftrag? Wofür arbeiten wir an dem Thema, an der Problemlösung? Was soll erreicht werden?
- Warum gerade jetzt?
- Wie schätzen wir den Grad der Unsicherheit, der Komplexität bzw. der Neuartigkeit des Themas ein?
- Wie emotional aufgeladen, positiv oder negativ, ist das Thema? Welche Wünsche und Sehnsüchte werden wahrgenommen? Welche Ängste, Widerstände sind jetzt schon spürbar?
- Welche kulturellen Wurzeln, impliziten Überzeugungen und liebgewonnenen Gewohnheiten fördern/behindern das Thema?
- Welche Auswirkungen (Chancen und Gefahren) sind für wen zu erwarten?

Realisierung:

- Wie sieht die gewünschte Zukunft, das Zielbild aus? Welche Messkriterien gibt es dafür?
- Welche Ressourcen benötigen wir, um den Auftrag gut zu erfüllen?
- Was muss gelernt, verlernt werden, um das Neue zu verankern? Wieviel Zeit/Raum für Lernen muss eingeplant werden?

Suche:

- Wer ist an dem Projekt wie zu beteiligen?
- Welche Perspektiven müssen in die Lösungssuche einbezogen werden?
- Welche Kriterien definieren wir zur Bewertung der Lösungsoptionen?

Beschluss:

- Wer entscheidet was in welchem Umfang mit wem?
- Wer ist in welcher Rolle am Auftrag beteiligt?
- Wie ist der Auftrag / das Projekt operationalisiert (Budget, Zeit, Meilensteine, Rollen, etc.)?
- Wie wird die Entscheidung für den Auftrag/das Projekt und deren Sinn kommuniziert?

Lessons Learned:

- Wie bauen wir ausreichend Feedbackschleifen, Resonanzräume, Reviews und Retrospektiven ein?
- Welche Lernerfahrungen aus vergangenen Prozessen, Aufträgen können wir für die optimierte Gestaltung und Steuerung dieses Auftrages nutzen?

2) Die Beantwortung der Fragen in den jeweiligen Ländern führt zu einem vertieften und umfassenden Verständnis, was der Auftrag bedeutet. Auf dieser Basis kann der Auftrag realistisch operationalisiert werden.

Ergebnis

Der Auftrag ist in allen Phasen durchdacht und kann risikobewusst entschieden werden.

- Auftrag mit Zielen ist klar formuliert.
- Auftraggeber, Lead für Auftrag und beteiligte Personen sind definiert.
- Risiken, also Chancen und Gefahren, sind bewusst.
- Tempo und Timing, benötigte Ressourcen für die Auftragsumsetzung sind realistisch eingeschätzt.
- Erster nächster Schritt/Meilenstein ist formuliert.

Aufwand/Zeit/Schwierigkeitsgrad

- Vorbereitung der Zutaten: Decisio-Map-Leitfragen evtl. an das Thema des Auftrages anpassen oder auswählen.
- Schwierigkeitsgrad: einfach
- Zubereitung: 1–2 Stunden

Tipps/Hinweise

Nach der Auftragsklärung sollte gemeinsam mit dem Auftraggeber / der Auftraggeberin und weiteren beteiligten Personen bewusst entschieden werden, ob und wie der Auftrag zu den gegebenen Bedingungen in die weitere Bearbeitung genommen wird.

Beispiel

Das Management-Team einer Inhouse-Akademie richtete sich und die gesamte Akademie neu aus. Die Strategie war verabschiedet, nun ging es um die Umsetzung. Die Vielzahl der Maßnahmen aus dem Implementierungsplan mussten operationalisiert werden. Ziel war eine realistische inhaltliche und prozessuale Gestaltung der vielen kleinen und größeren Projekte. Die Decisio-Map-Leitfragen zur Auftragsklärung wurden eingesetzt, um das Ausmaß der Veränderung, der einzelnen Aufträge abzuschätzen und eine realistische, operationalisierte Projektplanung aufzusetzen.

Raum für eigene Gedanken/meine Notizen

___

___

___

___

3.1.3 SWOT-Analyse – Das Fundament für die strategische Neuausrichtung legen

Volker Steinhoff

Thema

Zu Beginn einer strategischen Neuausrichtung nutzen Überlegungen, damit ein gemeinsames Bild der Stärken (*Strengths*) und Schwächen (*Weaknesses*) und der Chancen (*Opportunities*) und Gefahren (*Threats*) entsteht. Diese SWOT-Analyse (ein Akronym der genannten engl. Begriffe) hilft, einen Eindruck davon zu bekommen, wo die einzelnen Personen das Unternehmen sehen und wie sie es beurteilen. Ziel ist es daher, Stärken und Schwächen zu erkennen, die sich aus der Kosten-, Ertragsstruktur, dem Personal, der Organisation, der Kultur und dem Betriebsklima ergeben.

Darüber hinaus gilt es, Chancen und Risiken herauszuarbeiten, die sich aus der Betrachtung des Marktes, des Wettbewerbs, der Zielgruppen, den Kund:innenerwartungen und möglichen Regulierungen ableiten lassen (vgl. Schroer 2023).

Mit diesen beiden Stoßrichtungen ist die Basis für eine strategische Neuausrichtung gelegt.

Zutaten

- Ein Team, das den Mut und das Vertrauen hat, Entscheidungen zu treffen, Einschätzungen abzugeben und Chancen wie Gefahren formulieren will
- realistisches Bewusstsein für die Ist-Situation
- zukunftsorientiertes Denken

Vorgehensweise/Zubereitung

1) Definieren Sie ein klares eindeutiges Ziel, warum jetzt eine SWOT-Analyse durchgeführt werden soll: Dient die Analyse dazu, die Ausgangsbasis für eine neue Strategie zu bestimmen oder ein neues Geschäftsfeld aufzubauen oder sich von Geschäftsfeldern zu trennen? Legen Sie das Ziel eindeutig fest, denn sonst weichen die einzelnen Aussagen zu den Stärken/Schwächen und Chancen/Gefahren stark voneinander ab und verschwimmen.
2) Welche Stärken nehmen Sie in Ihrem Unternehmen wahr? Welche Schwächen sehen Sie?
   - Im ersten Schritt richten Sie diese Fragen an die Teilnehmer:innen und lassen Sie jede Person für sich darüber nachdenken. Sammeln Sie die Antworten und clustern Sie die Antworten z. B. in Themenbereiche (s. Abb. 11):
     – strategische Aspekte
     – organisatorische Aspekte
     – personelle Aspekte
     – IT-/Digitale Aspekte
     – ggf. weitere Cluster
   - Vertiefende Fragen: Woran machen Sie die Stärken und Schwächen fest? Wodurch entstehen die Stärken und Schwächen? Inwiefern handelt es sich um Stärken und Schwächen.
   - Im zweiten Schrittnehmen die Teilnehmer:innen die Perspektive der Kund:innen ein:
     Betrachten Sie die Stärken und Schwächen auch aus der Sicht der Kund:innen. Was nehmen die Kund:innen wahr? Was sehen Kund:innen als Stärke und als Schwäche? Warum wird das als Stärke von Kund:innen beurteilt und warum

sehen Kund:innen das als Schwäche? Nehmen Sie bewusst diese Perspektive ein: kritisch und neutral.

An dieser Stelle ein Hinweis für einen gelingenden Ablauf: Lassen Sie die einzelnen Stärken und Schwächen von den Teilnehmer:innen vorstellen. Die ersten Vorstellungen dauern länger. Lassen Sie das zu! Die nächsten Personen gehen auf das Gehörte ein und vertiefen diese Aspekte, ergänzen, bestätigen oder widersprechen. Dies rundet das Bild ab.

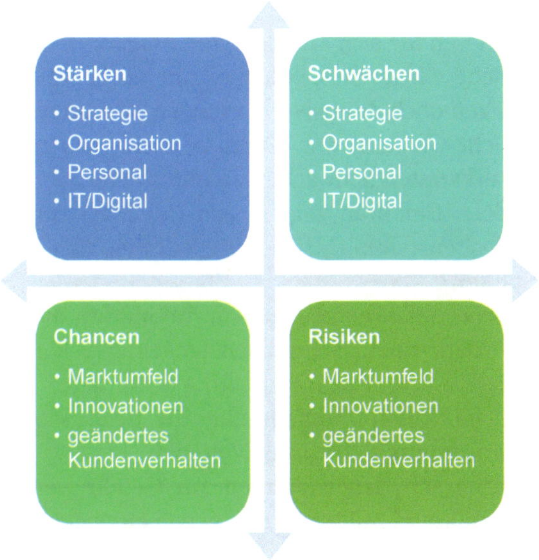

Abb. 11: SWOT-Analyse – ein Überblick

3) Als dritten Schritt betrachten Sie die Chancen und Gefahren, die sich am Markt zeigen. Folgende Leitfragen prägen diesen Schritt:
   - Welche Chancen sehen Sie im Markt? Welche Chancen sehen Sie für das Unternehmen, die sich aus (veränderten) Kund:innengruppen, Innovationen im Markt, regulatorischen Veränderungen, Veränderungen von Strategien der Konkurrenz etc. ergeben?
   - Welche Gefahren sehen Sie im Marktumfeld, bei regulatorischen Veränderungen, sich veränderten Bedürfnissen etc.?

- Clustern Sie die Antworten nach z. B. folgenden Aspekten (s. Abb. 12):
  - Marktumfeld (Strategien, neue Wettbewerber)
  - Innovationen
  - geändertem Kund:innenverhalten/-bedürfnis
  - Ergänzen Sie weitere Cluster entsprechend der Aufgabenstellung und -zielsetzung.

4) Die gute Zusammenfassung
   Wir haben nun die Stärken/Schwächen und die Chancen/Gefahren abgeleitet. Jetzt kommt die Zusammenführung. Orientieren Sie sich an folgenden Fragen:
   - Welche Chancen sehen Sie, um auch die vorhandenen Stärken noch intensiver zu nutzen bzw. auszubauen?
   - Welche Chancen (im Markt) können genutzt werden, um die erkannten Schwächen zu eliminieren?
   - Welche Gefahren zeigen sich (im Marktumfeld) für die Aufgabenstellung? Inwieweit bedrohen diese Gefahren die Stärken?
   - Welche Gefahren zeigen sich (im Markt), die sich mit unseren erkannten Schwächen potenzieren können und die Ziele unserer Aufgabenstellung gefährden?
   - Welche Anknüpfungspunkte für neue Ideen (Stärken/Chancen) müssen wir aktivieren?
   - Welche Schwächen können zur Gefahr werden? Welche Maßnahmen müssen wir dagegen entwickeln?

Ergebnis

Die folgende Abbildung fasst die Ergebnisse zusammen.

Aufwand/Zeit/Schwierigkeitsgrad

- Schwierigkeitsgrad: mittel
- Vorbereitung: 60 Minuten (Themenstellung verstehen und Spezifika andenken)
- Durchführung: 2–3 Stunden

Tipps/Hinweise

Eine besondere Verfeinerung an dieser Stelle: Schätzen Sie für jede(s) Stärke/Schwäche/Gefahr/Chance die Eintrittswahrscheinlichkeiten. Dies macht es aufwändiger in der Durchführung, erzeugt aber mehr Sicherheit bei den Einschätzungen.

Abb. 12: Die gute Zusammenfassung

Grundsätzlich hilft diese Differenzierung zu verstehen, wo die Ansatzpunkte zur Weiterentwicklung liegen. Lassen Sie die Maßnahmen so stehen wie besprochen und verwenden Sie diese weiter für Ihre nächsten Schritte.

Binden Sie in allen Gruppen die kritischen, loyalen Kund:innen aus unterschiedlichen Altersklassen ein.

Beispiel

Der Vorstand eines mittelständischen Finanzdienstleistungsinstituts formulierte die Strategie neu. Es ging konkret um eine Bestandsaufnahme. Die finanzielle Seite war detailliert beschrieben und analysiert. Nun ging es um die Aspekte, die nicht durch betriebswirtschaftliche Zahlen untermauert sind. Die Vielzahl der positiven wie negativen Auffälligkeiten war zu sammeln und mit den Chancen und Gefahren, die der Markt bot, zu kombinieren. Die Decisio-Map-Leitfragen im Quellgebiet und im Land der Suche wurden eingesetzt, um möglichst umfassend die Auftragslage zu bearbeiten. Damit war die Grundlage zur Formulierung der Strategie geschaffen.

Raum für eigene Gedanken/meine Notizen

3.1.4 Von der Zukunft her gedacht! Was wäre, wenn wir unser Vorhaben erfolgreich realisiert hätten?

Cornelia Strobel

Thema

Je klarer unsere Vorstellung von dem ist, was wir erreichen wollen bzw. was wir konkret realisieren wollen, umso leichter fällt es uns, den Weg dahin zu beschreiten. Ein klares Bild von der Zukunft ist die Basis, um auf den zielführenden Pfaden zu bleiben und die notwendigen Themen und Maßnahmen dafür zu priorisieren. Trägt das, was wir gerade tun, dazu bei, unsere beschriebene Zukunft zu erreichen? Die Beantwortung dieser Frage hilft, die relevanten Schritte und Prozesse zu erkennen und einzuleiten. Die Methode eignet sich gut zur Konkretisierung von Visions- und Purpose-Beschreibungen zu unseren Vorhaben. Sie kann sowohl in Präsenz als auch virtuell genutzt werden.

Zutaten

- Skizze des Themas bzw. der Ausgangs- oder Problemsituation
- Fantasie, Freude am Gedankenspiel und Kreativität
- Atmosphäre, die »out-of-the-box«-Denken erlaubt
- Flipchart/Whiteboard mit Instruktionen
- Raum für Gruppenarbeit/Kollaborationstool
- Post-its und Stifte bzw. vorbereitete Frames zur Dokumentation auf dem Whiteboard

Vorgehensweise/Zubereitung

1) Vorstellen des Themas / der Aufgabe inkl. Verständnisfragen (15–30 Min.)
2) Anhand welcher Kriterien beschreiben wir unser konkretes Zielbild (z. B.: Produkt-, Marktentwicklung, Zusammenarbeit intern / mit Kunden etc.)? Wie sieht es aus? (30–60 Min.)
3) Stellen Sie sich vor: Es ist das Jahr 20XX (heute + 2–3 Jahre) und wir haben die Aufgabe / die Veränderung / das Thema erfolgreich umgesetzt. Dieser Schritt kann bei größeren Teams auch in Kleingruppen angegangen werden. Bearbeiten Sie dazu folgende Fragen:
   - Welcher war unser Beitrag in den jeweiligen Phasen des Prozesses, der unsere Realisierung gut gelingen ließ (20 Min.)?
   - Wie haben wir uns jeweils verhalten, um unser Realisieren beinahe zum Scheitern zu bringen (20 Min.)?
4) Zusammenführung im Plenum in Gruppenarbeit (10–20 Min.)
5) Ableiten der konkreten Handlungsfelder und Maßnahmen (45–60 Min.)
6) Transfersicherung herausarbeiten (30–60 Min.):
   - Wie stellen wir sicher, dass wir die Handlungsfelder/Maßnahmen gut genug tracken?
   - Was tun wir, wenn wir merken, dass der Erfolg ausbleibt, dass wir nicht weiterkommen wie gedacht?
7) Abschlussrunde: Wie gut fühlen wir uns gerüstet für unseren gemeinsamen Prozess?

Ergebnis

Die Vision / der Purpose ist greifbar: Was bedeutet das konkret für unser Team, unser Projekt, unsere Arbeit? Vage, »wolkige« Beschreibungen sind konkretisiert, Handlungsfelder abgeleitet und Maßnahmen beschrieben. Der Prozess zur Transfersicherung ist fixiert. Die Vorstellung, erfolgreich Aufgaben erledigt zu haben, steigert Motivation und Engagement.

Aufwand/Zeit/Schwierigkeitsgrad

- Vorbereitung der Zutaten: 2–4 Stunden
- Zubereitung: ½ Tag
- Schwierigkeitsgrad: mittel
- Moderation empfohlen

Tipps/Hinweise

Wann immer die Handlungsfelder/Maßnahmen besonders leicht von der Hand gehen bzw. ins Stocken geraten, lohnt sich der Blick auf die Beiträge in Schritt 3. Es lassen sich häufig Muster im Team / der Organisation ableiten, die dann einer Stärkung/Veränderung zugeführt werden können – wo immer möglich.

Das Rezept »von der Zukunft her denken« ist ein bewährtes Vorgehen im Coaching. Es kann selbstverständlich auch im Selbstcoaching angewandt werden – immer dann, wenn es darum geht, in Situationen wieder bzw. anders handlungsfähig zu werden.

Beispiel

In einem mittelständischen Familienunternehmen mit mehreren Standorten stand die Zentralisierung des vormals sehr dezentralen HR-Bereichs an. Diese deutliche Veränderung galt es zu gestalten. Startpunkt war eine Kick-off-Veranstaltung, die von uns (Next Impact) moderiert wurde. Dabei wurde u. a. das Rezept »Von der Zukunft her gedacht!« angewandt. Im Laufe der Arbeit erkannten die Teilnehmer:innen, dass sie einerseits die Grundsatzentscheidung der Umstrukturierung als gesetzt akzeptieren lernten. Andererseits fiel ihnen auf, welche großen Freiheitsgrade sie im Gestalten des Veränderungsprozesses haben. Besonders hilfreich erwies sich die Detaillierung über die fünf Phasen des Prozesses. Dabei war das Herausarbeiten dessen, was zum Scheitern beitragen würde, besonders wichtig. Die Abschlussrunde zeigte: Aus »Ohnmachtsgefühlen« wurden »Handlungsoptionen«. Aus »ausgeliefert sein« wurde »Freiheiten nutzen«. Aus »Ungewissheit« wurde Zutrauen in das »eigene gemeinsame Gestalten-Können« des Prozesses – wohlwissend, dass es sich hierbei nicht um einen Selbstläufer handeln würde. Die abgeleiteten Maßnahmen waren die Grundlage für das Prozesstracking inkl. Nachjustieren, Modifizieren und Korrigieren, wo notwendig. Immer wieder den Blick auf die Dinge zu werfen, die den Prozess stützen/beflügeln und zum Scheitern bringen konnten, lieferte die notwendige »Leichtigkeit« zum Durchhalten. Es war ja ein langer Weg: Der Prozess bis zum routinierten, selbstverständlichen Agieren in den neuen Strukturen ging über zwei Jahre.

Variationen

Die Methode kann auch in Visions- und Strategieprozessen gut genutzt werden. Durch die Detaillierung über die fünf Phasen lassen sich Unternehmensvisionen gut portionieren bzw. verbinden mit der jeweiligen Aufgabe von Abteilungen, Bereichen, Teams, Projekten.

Abb. 13: Beispiel eines Arbeitsgruppen-Ergebnisses

Es wird klar: Was hat dieses »Abgehobene« mit uns zu tun und wie können wir es denn gestalten?

Raum für eigene Gedanken/meine Notizen

3.1.5 Balance zwischen Freiraum und Fokus finden

Stefan Groß

Thema

Wer gemeinsam mit anderen im Team kreative Ideen entwickelt, läuft – berauscht von den *eigenen* Ideen – früher oder später Gefahr, den Fokus und den kritischen Bezug zur (organisationalen oder kund:innengeprägten) Wirklichkeit zu verlieren. Deshalb sollte neben dem kreativen Freiraum ein schlichterer Entscheidungsraum etabliert werden, in dem die entstandenen Ideen kritisch bewertet werden. Regelmäßige Feedbackschleifen nach außen verringern zudem das Risiko einer Nicht-Anschlussfähigkeit und erhöhen die Umsetzungswahrscheinlichkeit.

Zutaten

- ein Innovationsteam, das in kreativer Freiheit Ideen entwickelt und offen für Impulse von außen ist
- ein Entscheidungsgremium, welches diese Ideen anhand von transparenten Kriterien im Entscheidungsraum bewertet
- ein Feedbackprozess, der Stimmen aus der Organisation oder von Kund:innen regelmäßig und systematisch einholt und auswertet
- ein (digitales) Archiv für alle bislang präsentierten (und wieder verworfenen) Ideen und den zugehörigen Entscheidungsprozess mit seinen Prämissen

Vorgehensweise/Zubereitung

Lassen Sie das Innovationsteam arbeiten:

- Innovation braucht Freiraum: Wer sich Dingen neu zuwenden will, muss Abstand von den bisherigen Lösungen bekommen und sich unvoreingenommen der Problemstellung hingeben können.
- Unterschiedliche Perspektiven helfen: Besetzen Sie das Team mit Mitgliedern, die möglichst unterschiedliche Sichtweisen einnehmen (können).
- Präsentieren Sie Ideen in einem Stadium und in einer Form, wo diese noch leicht (und mit wenig Aufwand) veränderbar sind – je früher, desto besser.

- Solche Prototypen (als Zeichnung, aus Papier oder in Form eines einfachen Modells oder einer Simulation) helfen dabei, Ideen in Entwürfen zu manifestieren und damit auch für Dritte leicht erklärbar zu machen.

Arbeiten Sie mit einem Entscheidungsgremium zusammen:

- Um vor blinden Flecken und Selbstverliebtheit zu schützen, ist es ratsam, mindestens die Hälfte dieses Gremiums mit Nicht-Innovationsteam-Mitgliedern zu besetzen.
- Noch besser wird es, wenn im Gremium nicht nur Organisationsvertreter, sondern auch Insider von außen (Kund:innen, Markt, Wettbewerber:innen o. Ä.) ihre Sichtweise einbringen dürfen und mitbewerten.
- Mit Hilfe von Aussagen von Repräsentant:innen, Befragungsergebnissen, Feedbackauswertungen o. Ä. können Zielgruppenmeinungen auch im Entscheidungsraum konkret zu Wort kommen.
- Entscheiden Sie im Gremium bereits zu Beginn, auf Basis welcher Kriterien die Vorschläge und Prototypen gemeinsam bewertet werden sollen.
- Lassen Sie sich im Entscheidungsraum regelmäßig auch über Zwischenstände im Rahmen einer Regelkommunikation informieren. So wird aus Entscheidungen ein nachvollziehbarer Prozess!

Binden Sie das Außen ein:

- Überlegen Sie, wer mögliche Zielgruppen, Nutzer:innen oder Betroffene Ihrer Idee sind und versetzen Sie sich in deren Lage.
- Innovative Ideen haben dann größtmögliche Aussicht auf Erfolg, wenn sie ein konkretes Problem lösen oder einen (unbewussten) Bedarf decken: Wo liegen die Schmerzpunkte da draußen?
- Feedback ist ein Geschenk, das nützlich sein kann (oder verpufft). Sammeln Sie Rückmeldungen ein, ohne gleich zu bewerten. Verschriftlichen Sie, um Muster im Nachgang zu erkennen. Hinterfragen Sie das, was kommt, und verändern Sie Ihren Fragefokus auf dieser Basis.
- Jemanden zu fragen (in Form von bspw. Beobachtungen, Befragungen, Umfragen, Experimenten) bedeutet nicht, diesen

Empfehlungen auch folgen zu müssen; aber es erhöht die Wahrscheinlichkeit, bislang Übersehenes sichtbar zu machen. Und es zeigt, wie hoch die kommunikativen Hürden sind, um die Idee verständlich zu machen.

Archivieren Sie den Entscheidungsprozess:

- Dokumentieren Sie von Anfang an die unterschiedlichen Entwürfe und den zugehörigen Entscheidungsprozess. Die verworfenen Ideen von gestern liefern den Rohstoff für Problemlösungen von Morgen.
- Über die Dokumentation a) der modellierten Ideen, b) des korrespondierenden Entscheidungsprozesses und c) der Feedbacks von außen schaffen Sie es, den Innovationsprozess selbst innovativ zu gestalten und einen guten Grundstein für weitere Entscheidungen zu legen.
- Wenn sich der Kontext ändert, ergeben »alte Ideen« möglicherweise erneut Sinn. Gut, wenn man diese Varianten als Prototypen in der Schublade hat und nur noch adaptieren muss.

Führen Sie einen Cross-Check durch:

- Sind das Innovationsteam und der Entscheidungsraum divers genug besetzt?
- Wann überprüfen wir noch einmal, ob wir die richtigen Leute im richtigen Kreis haben?
- Gibt es transparente vereinbarte Kriterien, anhand derer die Qualität der Entwürfe bemessen werden kann?
- Sind die Entwürfe, Prototypen und Vorlagen aussagekräftig genug, um entscheiden zu können; wenn nicht: Was fehlt für eine klare Entscheidung?
- Sind die Kriterien statisch oder gibt es einen Prozess, der diese selbst regelmäßig in Frage stellt und qualitativ weiterentwickelt?
- Haben wir ein Archivsystem für abgelehnte Entwürfe und Prototypen?
- Gibt es ausreichend Rückkoppelungsschleifen zum Markt oder in die Organisation (auch zu kritischen Stimmen)?

Ergebnis

Ein transparenter, nachvollziehbarer und iterativer Entscheidungsprozess, der durch die bewusste Trennung und Verbindung von Innovationsraum und Entscheidungsraum die Qualität und Anschlussfähigkeit erhöht hat.

Aufwand/Zeit/Schwierigkeitsgrad

Für einen Innnovationszyklus inklusive Rückkoppelungsschleifen empfehlen wir maximal ein halbes Jahr. Dann sollte der Rahmen geprüft und gegebenenfalls neu justiert werden.

Innovationsprozesse gleichen häufig einem Dreieck mit schiefer Ebene: Je mehr Aufwand zu Beginn betrieben wird, desto geschmeidiger verläuft der Prozess nach hinten heraus. Gleichzeitig bleibt das Risiko des Scheiterns steter Prozessbegleiter. Klären Sie also bereits in der Anfangsphase, wer im Innovationsraum und wer im Entscheidungsraum beteiligt sein wird. Die Taktung mit Fixterminen und Reflexionszeiten sollte zu Beginn deutlich höher sein als gegen Ende des Projektes. Eine externe Moderation kann dabei unterstützen, alle relevanten Aspekte im Blick zu behalten, den Prozess zu steuern und Entscheidungsbedarfe herauszuarbeiten. Ein transparenter (veränderbarer) Projektplan, bspw. auf einer Kollaborationsplattform, ermöglicht es, dass zeitgleich an unterschiedlichen Themen parallel gearbeitet wird. Das alles erfordert von den Verantwortlichen dreierlei: die *Fantasie*, den Prozess bereits zu Beginn »vom Ende her zu denken«, den *Mut*, abseits von ausgetretenen Pfaden ins Risiko zu gehen und gleichzeitig den *Entscheidungswillen*, Kursänderungen konsequent vorzunehmen.

Tipps/Hinweise

- Entscheidungen sollten erst dann getroffen werden, wenn sie getroffen werden müssen! Arbeiten Sie also möglichst lange an Ideen parallel; so entstehen mitunter überraschende Synergieeffekte.
- Behalten Sie im Entscheidungsraum kritischen Abstand – wer sich zu tief im Entwicklungsprozess befindet, kann nur schwer den Gesamtüberblick bewahren.
- Unterstützen Sie das Innovationsteam dabei, regelmäßige Kommunikations- und Feedbackschleifen in die Organisation oder den Markt zu legen. Viele gute Ideen scheitern nicht im Ideenraum, sondern an der Nicht-Akzeptanz bei den Betroffenen oder bei den Zielgruppen.

- Systematisieren Sie das Feedback mit Hilfe von Strukturen und Bewertungsbögen, die den Prozess auch im Nachgang und für Dritte nachvollziehbar machen.
- Zögern Sie nicht, auch einzelne Mitglieder im Entscheidungsraum auszuwechseln oder zu ergänzen. Wenn die gleiche Sichtweise im Raum zweimal vertreten ist, wird sie – aus Innovationsperspektive – einmal überflüssig!

Beispiel

Für die Identifikation von konkreten Innovationsprojekten eines Unternehmens wurden im Projektdesign zwei Personenkreise formiert, die zunächst unabhängig voneinander gearbeitet haben. In Kreis 1 waren all jene, die bislang in der Organisation für Innovations(teil)bereiche verantwortlich waren. In Kreis 2 wurden Mitarbeiter mit engem Kund:innenkontakt gewählt, Verantwortliche aus den Märkten, dem Querschnitt, oder Kolleg:innen, die noch relativ neu im Unternehmen waren. Beide Kreise entwickelten parallel in einer Workshopreihe zu gleichen Fragestellungen konkrete Ideen, die dann wechselseitig vorgestellt und bewertet wurden. Einige Ergebnisse konnten direkt in der bisherigen Linienverantwortlichkeit umgesetzt werden, andere wurden der Geschäftsleitung präsentiert. Am Ende stand eine gemeinsame Entscheidung, welche Projekte in übergreifender Zusammensetzung angegangen wurden. Die Erkenntnisse aus der ersten Workshopphase wurden dazu genutzt, auch für die konkreten neuen Projekte einen entsprechenden Entscheidungsrahmen zu entwickeln, der außerhalb der Projektteams liegt (s. Abb. 14).

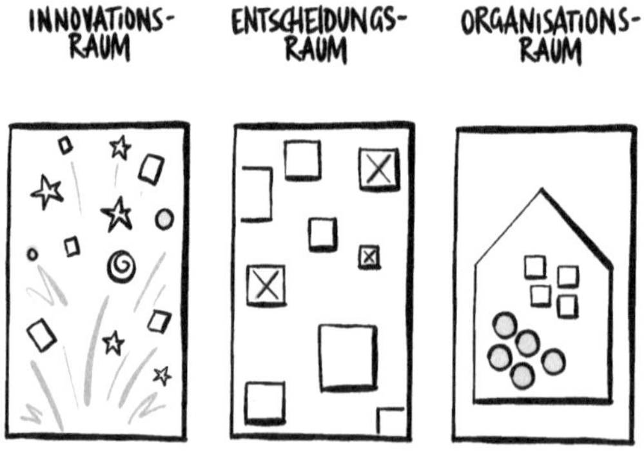

Abb. 14: Diskutieren, Arbeiten und Entscheiden in drei unterschiedlichen Räumen

Passt gut zu ...

- Rezept 3.2.1, »Strukturhilfen für Entscheidungsprozesse«
- Rezept 3.2.3, »Prototyping – Entscheiden beschleunigen«

Raum für eigene Gedanken/meine Notizen

3.1.6 Standortbestimmung und Entscheiden: (Worin) Gibt es Änderungsbedarf? Sollen, wollen, müssen wir überhaupt etwas ändern? Oder alles bei dem Gewohnten lassen?

Walter Herter

Thema

Entscheiden beginnt mit der neugierigen, aufmerksamen, wachen Betrachtung der Welt – der allererste Schritt.

Es geht um die grundsätzliche Entscheidung, immer wieder kontinuierlich das »scheinbar Selbst-Verständliche« in Frage zu stellen. Wozu ist das gut?

Wir schaffen damit eine Routine, die davor schützt, in der immer mehr Selbstverständlichkeit des Vertrauten, des Gewohnten, des »schon immer so« (Autopoiese) zu verharren. Es geht darum, das Selbstverständliche immer wieder in Frage zu stellen, um das Überleben zu sichern. Das ist eines der fünf Prinzipien einer High Reliability Organization (Weick u. Sutcliffe 2001). Deren Erfolg hängt davon ab, auch in schwierigen Situationen handlungsfähig zu bleiben. Gewohnheiten und Vereinfachungen (ver-)führen dazu, unvorsichtig, blind zu werden für Frühwarnkennzeichen aus der Vielfalt und Heterogenität der Umwelt / des Umfeldes. Die Standortbestimmung schützt vor Etiketten, Zuschreibungen und vorschnellen Ursachenerklärungen: »Ah, das ist immer so, das war schon öfter...«.

Zutaten

- die Führungsmannschaft oder sogar ein interdisziplinäres Team (punktuell verstärkt durch Anregungen aus fachfremden oder diametral zum Gewohnten stehenden Beiträgen)
- Es gibt eine Kultur und einen aktiv gestalteten und moderierten Arbeitsraum, der es allen ermöglicht, ein »mich beschäftigt etwas; mir fällt etwas auf; immer wieder sehe ich, dass ...« zu platzieren (auch anwendbar in jeglichen Formen von Online-Dokumentationen).
- Es gibt eine offene Kultur, Führen auf Augenhöhe. Mitarbeiter:innen werden gefragt bzw. es gibt den sicheren Raum, der es erlaubt, auch unbequem und anders zu denken.
- Die Kontinuität ist gewährleistet durch Fixtermine (zweimal pro Jahr, evtl. auch öfter).

Vorgehensweise/Zubereitung

Die Entscheidung, ob ein Thema aufgegriffen und in die Entwicklung geht oder ob es so bleiben kann, wie es ist, wird aus drei verschiedenen Perspektiven betrachtet.

- *Perspektive 1:* Signifikante Nachteile des Gewohnten
  Arbeitsfragen:
  - Was stört das Erreichen von Ergebnissen?
  - Was nervt immer wieder?
  - Was kostet zu viel Zeit, Ressourcen, Geld?
  - Wie hoch ist der Preis, für wen?
  - Worin bestehen die Kosten – finanziell, im Zusammenwirken, für das Wohlbefinden?
- *Perspektive 2:* Das kommt zu kurz, da fehlt etwas Wesentliches.
  Arbeitsfragen:
  - »I have a dream!«: Der Traum hat immer wieder Anziehungskraft – welcher Traum ist es?
  - Was kommt zu kurz im Alltagsgeschäft und wäre doch so wertvoll für die Lebendigkeit und Leistungsfähigkeit?
  - Was vernachlässigen wir?

- Was ist uns zur Selbstverständlichkeit geworden, »so ist´s eben bei uns«?
- Womit haben wir uns »arrangiert« – und vermissen doch etwas Wesentliches?

- *Perspektive 3:* Welche Fragen stellt das Leben an uns? (von der Außenwelt her betrachten)
  Arbeitsfragen:
  - Was sind Phänomene, die uns (manchmal so nebenbei) auffallen?
  - In der Gesellschaft, in der Politik, bei unseren Kund:innen, bei der Konkurrenz?

Wesentliche Haltungen, die hilfreich sind

Flanieren und Staunen:

Staunen ist die emotionale Energie, die in der Neugier, im Interesse enthalten ist. Staunen ist eine hilfreiche seelische Bewegung, die einlädt, das Neue, das Unbekannte, das Überraschende erst einmal möglichst unvoreingenommen zu betrachten.

Staunen entspricht also dem Zustand der schöpferischen Indifferenz, des Flows, des schöpferisches Chaos, der fruchtbaren Leere.

Vertrauen in die eigene Intuition:

Intuition beginnt mit der Fähigkeit der Selbstwahrnehmung in Bezug auf Gefühle, Bedürfnisse, Fähigkeiten.

Intuition ist die Erfahrung, in komplexen, (scheinbar) unzusammenhängenden Informationen Muster zu erkennen.

Mut zum Hinschauen und zur Ehrlichkeit:

»Wer die Krise nicht ehrt, ist der Chance nicht wert« (Herter 2019).

Aktivierung des Gespürs für Unstimmigkeit: Grenzen sehen, hinterfragen, das Gewohnte anzweifeln, in Frage stellen.

Die Kraft aufbringen, entschlossen »Nein!« zu sagen und Unstimmiges angehen.

JA –Sagen: erst wenn es stimmig ist.

Wenn das Thema konkret benannt ist, wenn es um Sinnhaftes geht und wenn auch die Gefühle zustimmen. Ein kraftvolles Ja besteht aus drei Elementen:

- *Ethos:* Die Sinnhaftigkeit des Entschlusses ist deutlich geworden.
- *Logos:* Die Aktivitäten sind klar, konkret.
- *Pathos:* Die Freude und die Neugier sind größer als das reflektierte Unbehagen.

Ergebnis

- Es schützt vor Überraschungen durch kontinuierliches Monitoring der Innen- und Außenwelt der Organisation – es ist sozusagen ein institutionalisiertes Frühwarnsystem.
- Es entsteht erstmal wieder ein gemeinsames Verständnis darüber, welche Wahrnehmungen und Eindrücke des Gegenübers zu seinen Entscheidungen geführt haben.
- Die Entscheidungsgrundlage ist geschaffen für die nächsten Schritte: »Ah, das ist relevant.«
- Die Entscheidungen sind aufeinander abgestimmt, weil jeder den Blick des anderen kennt.
- Sie haben einen klaren Blick darauf, für welche Veränderungen Sie in Ihrem Unternehmen Zeit, Energie und Geld investieren können.
- Durch den gemeinsamen Austausch entsteht ein größerer Zusammenhalt im Team.
- Die Methode ist zugleich auch ein verstärkendes Signal für die Unternehmenskultur: »Wir – (mit euch) gemeinsam!«.
- Durch die Einbeziehung der Perspektiven aller erhöht sich auch die Wahrscheinlichkeit, die jeweils relevanten Perspektiven zu integrieren.

Aufwand/Zeit/Schwierigkeitsgrad

1) »Quick-and-dirty-Version«:
   - Ca. alle 6–8 Wochen ziehen sich die Unternehmensleitung und das obere Management für ca. 2–3 Stunden zurück und stellt sich den kritischen Fragen (s. Zubereitung).
   - Je nach Größenordnung des Unternehmens können dazu engagierte Mitarbeiter:innen aus den Kernbereichen eingeladen werden.
   - Schwierigkeitsgrad: gering bis mittel

2) »Das große Menü«:
   - Alle 6 Monate lädt die GF zum xxx-open ein. Ca. 60–70 Mitarbeiter:innen, die die Organisation repräsentativ abbilden, werden eingeladen. Dauer ca. 6 Stunden, danach in kleiner Resonanzgruppe Clustern der Themen für ca. 2 Stunden.
   - Schwierigkeitsgrad: mittel bis hoch, je nach Reifegrad des Managements
3) »Die agile Kombination«:
   - Ca. 3–4 Wochen vor dem Managementtermin wird anstelle des Mitarbeiter Workshops ein Online-Board installiert, die Mitarbeiter:innen werden kontinuierlich daran erinnert.
   - Der Schwierigkeitsgrad liegt bei dieser Variante höher, da eine hohe Kompetenz in der Gestaltung von agilen Entwicklungsprozessen erforderlich ist.

Tipps/Hinweise

1) Übersicht schaffen zu den verschiedenen Antworten: Die wesentlichen Antworten werden entsprechend strukturiert (geclustert). Vorsicht: Beim Clustern der Antworten gibt es eine Tendenz zur immer größeren Abstraktion, bis die Aggregationsebene völlig nichtssagend und kraftlos wird. Zum Beispiel ist eine Überschrift, die »Schnittstellenproblematik« lautet, als Ergebnis der Clusterung zu abstrakt. Hier gehen die Informationen aus verschiedenen Aussagen über Konflikte in der Zusammenarbeit zwischen zwei Abteilungen verloren. Alternativ ist zu empfehlen, passende Fragen oder Aussagesätze zu formulieren, die den Inhalt der Einzelaussagen treffender wiedergeben. Zum Beispiel: Die zwei Abteilungen behindern sich gegenseitig in der Leistungserstellung.
2) Mit der Methode des »systemischen Konsensierens« werden die wirksamsten Entscheidungen getroffen. Anmerkung: bei dieser Entscheidungsmethode wird auch die Null-Option – »Wir lassen es, wie es ist. « – als bewusste Option miteinbezogen. Damit wird auch das vorhandene Gute anerkannt und erhält seine Würdigung.

Beispiel

»Quick-and-dirty-Version«:

Ein schnell wachsendes Unternehmen in der Telekommunikationsbranche befand sich in der folgenden Lage: Jeder der drei Geschäftsführer war aufgrund des schnellen Wachstums immer mehr damit beschäftigt, seinen eigenen Verantwortungsbereich aufzubauen. Damit ging immer mehr das gemeinsame Bild des Unternehmens verloren. Jeder machte seine eigenen Aktivitäten – und die Koordination geriet ins Hintertreffen. Leichte Vorwürfe traten auf: »Warum hast du nicht daran gedacht, dass …?«

Das Ritual, das die Gemeinsamkeit, den gemeinsamen Blick auf die Gesamtorganisation wiederherstellte, glich einer verbindenden Klammer. Alle 6–8 Wochen treffen sich die drei Geschäftsführer und tauschen sich aus. Der Nebeneffekt: durch den Schulterschluss entfällt für ein paar wenige Mitarbeiter:innen die Option, Verantwortung abzugeben für das eigene Verhalten: »… aber der Geschäftsführer 1 hat doch gesagt, dass …« Für alle anderen Mitarbeiter:innen ist es eine hilfreiche Orientierung. Und inzwischen werden immer mal wieder Mitarbeiter:innen dazugenommen.

»Das große Menü«:

Der Geschäftsführer eines Unternehmensbereiches mit ca. 900 Mitarbeitenden hatte den Eindruck, aufgrund der schnell gewachsenen Organisation nicht mehr so mitzukriegen, was die Menschen in der Organisation beschäftigt. Anstelle von Mitarbeiter:innenbefragungen, die ihm zu formalistisch und zu anonym waren, bzw. von mehreren kleinen Workshops, die er für »zu aufwändig« befand, entschied er sich für eine xxx-open-Veranstaltung, 3–4x/pro Jahr. Spannungsfelder wurden deutlich, die im Alltag und im »politischen Interesse« mancher mittlerer Führungskräfte unterdrückt wurden, und konnten angegangen werden.

Die o. a. Form ermöglichte den Dialog, auch vertieftes Nachfragen. Und alle Anwesenden erhielten durch die Form ebenfalls ein klares Signal darüber, mit welcher Haltung der Geschäftsführer seinen jeweiligen Unternehmensbereich führen will: beteiligungsorientiert, mit der Aussage: »Ihr seid mir wichtig! «

Passt gut zu …

- Rezept 3.1.4, »Von der Zukunft her gedacht«
- Rezept 3.1.1, »Wir brauchen eine Entscheidung«

Raum für eigene Gedanken/meine Notizen

3.1.7 Purpose-Driven Decision Making: Teamentscheidungen mit Sinn

Ingrid Kohlhofer, Christoph Burmann, Dorothea Hartmann, Walter Herter, Anja Vrany

Thema

Die Komplexität von Problemen, Themen, die in Organisationen bewältigt werden müssen, ist immens gestiegen. Damit einher geht, dass die Bedeutung des Faktors Wissen steigt. Der Einzelne ist hier oft überfordert. Gemeinsames Entscheiden im Team produziert oft besser abgewogene Entscheidungen und erhöht die Qualität der Umsetzung. Wie kommen Teams zu kreativen oder pragmatischen Lösungen, ohne dass die Organisation ihre Ausrichtung verliert? Wie gelingt, dass jeder im Team weiß, woran Entscheidungen auszurichten sind?

Zutaten

- Entscheidungsfrage
- Team (Führungsteam, Projektteam, Start-up-Team)

Vorgehensweise/Zubereitung

Gutes Entscheiden braucht eine gute Rahmung (*framing*): Sehr häufig überlagert die inhaltliche Entscheidung (das »Was«) den Grund für eine spezifische Entscheidung (das »Wofür«) – »Warum gerade diese Entscheidung? «. Aber nur wenn Teams eine gemeinsame Ausrichtung haben, gelingen ihnen gerade im komplexen Umfeld nachhaltige Entscheidungen, die mit Kraft umgesetzt werden. Der Rahmen für gutes Entscheiden ist der purpose, der Sinn und Zweck, die Identität der Organisation.

Das Purpose Framework© unterstützt die Integration der verschiedenen »Wofürs«: die individuelle, die organisationale und die Teamperspektive.

Nachdem im Vorfeld eine konkrete Entscheidungssituation ausgewählt wurde, kann es losgehen, sich über den Hintergrund, die Bedeutung und den Kontext dieser Entscheidungslage klar zu werden. In jedem Schritt wird ein »Wofür« mittels einer Grundfrage erarbeitet. Leitfragen dienen der Konkretisierung.

Das Purpose Framework© besteht aus folgenden Schritten:

Schritt 1: Purpose auf individueller Ebene klären

Grundfrage, die hier beantwortet werden soll: »Was will ich durch diese Entscheidung erreichen?«

Stellen Sie sich folgende Fragen und beantworten Sie diese für sich.

Die Ergebnisse werden in den Teamprozess einfließen und müssen nicht alle offengelegt werden.

- Welcher Nutzen, welche Chancen und Möglichkeiten, entstehen für mich durch diese Entscheidung, welche Bedeutung ist für mich damit verbunden?
- Welche Gefahren, Verluste kann ich durch diese Entscheidung vermeiden?
- Was ist meine Aufgabe/meine Rolle bei dieser Entscheidung?

Das Ergebnis in diesem Schritt ist, dass Sie persönlich Ihren Zugang zur Entscheidungssituation reflektiert haben.

Schritt 2: Einbettung der Entscheidung in den Organisationskontext

Grundfrage, die hier beantwortet werden soll: Inwieweit nutzt diese Entscheidung der Organisation?

Bei definiertem Organisationspurpose: Was erreichen wir durch diese Entscheidung hinsichtlich unseres organisationalen Purpose?

Diskutieren und sammeln Sie Aspekte, welche die Entscheidung und die Organisation beeinflussen. Nutzen Sie für jeden Aspekt (Aufwände, Synergien, Möglichkeiten, Chancen, etc.) einen Mindmap-Ast bzw. ein Post-it-Clustering.

- Welche Aufwände und welche Synergien entstehen durch eine Entscheidung?
- Welche Möglichkeiten und Chancen ergeben sich durch diese Entscheidung – für die Organisation intern?
- Welche Möglichkeiten und Chancen ergeben sich durch diese Entscheidung für die Außenbeziehungen der Organisation?

Das Ergebnis ist, dass Wirkungen und Auswirkungen von Entscheidungen visualisiert sind (s. Abb. 15).

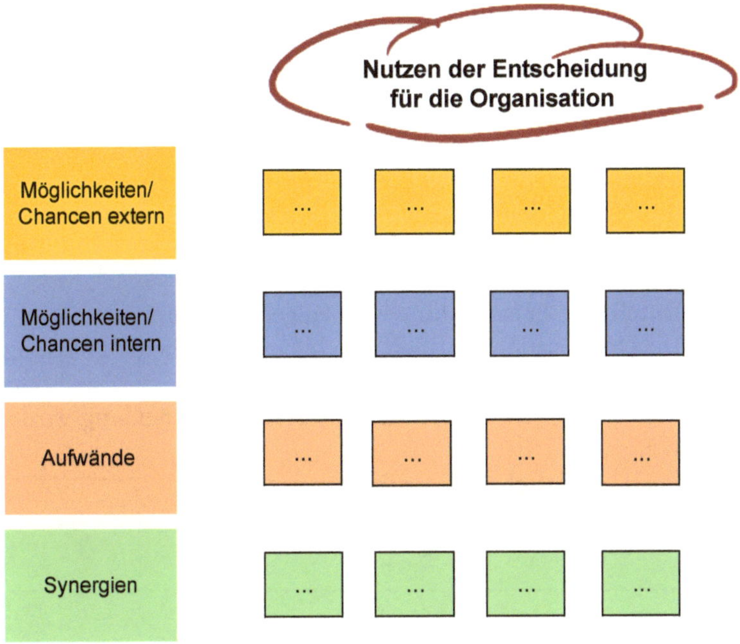

Abb. 15: Nutzen der Entscheidung für die Organisation

Schritt 3: Schlussfolgerungen für den Purpose auf Teamebene
Grundfrage, die hier bearbeitet werden soll: »Was beabsichtigen wir (als Team) mit dieser Entscheidung zu bewirken?«

Auf Basis der eigenen Zugänge zur Entscheidung und dem Organisationskontext sprechen Sie nun über den Team-Purpose. Integrieren Sie dabei die unterschiedlichen Perspektiven und Wirkungsmechanismen.

Ermitteln Sie eine klare Teamabsicht, die prägnant und klar formuliert ist. Sie sollte in wenigen Sätzen zusammenfassbar sein.

- Was ist unser gemeinsames Bedürfnis und Interesse (Ziel/Wirkung), das durch diese Entscheidung umgesetzt werden soll?
- Worüber machen wir uns die meisten Gedanken in dieser Entscheidungssituation, was ist das Wichtigste für uns?
- Welches Signal werden wir durch unsere Entscheidung kommunizieren?

Das Resultat ist, dass der Teampurpose und die damit einhergehenden Kriterien für die Teamentscheidung integriert sind und klar kommuniziert werden können.

Folgende Formulierungen können hier helfen:

- Mit dieser Entscheidung wollen wir erreichen ...
- Ziel dieser Entscheidung ist ...
- Wichtig ist uns in dieser Entscheidungssituation, dass ...
- Handlungsleitend sind für uns ...
- Durch unsere Entscheidung wird sich Folgendes ändern ...
- Die Auswirkungen der Entscheidungen werden bei/für XY sein ...
- Durch eine Entscheidung wird Folgendes gelöst ...
- Die Organisation profitiert durch diese Entscheidung dahingehend, dass ...
- Die wesentlichste Auswirkung unserer Entscheidung wird ersichtlich durch ...
- Nach der Entscheidung wird sich verändern: ...

Ergebnis

- Die individuellen Intentionen/Purposes sind transparent.
- Unternehmenspurpose und Teampurpose und die damit einhergehenden Kriterien für die Teamentscheidung sind integriert und können klar kommuniziert werden.

- Wirkungen und Auswirkungen von Entscheidungen sind visualisiert.

Aufwand/Zeit/Schwierigkeitsgrad

- Auswahl einer Entscheidungssituation
- Zubereitung: 45–60 Minuten
- Moderation empfohlen

Tipps/Hinweise

- Das Purpose Framework© ist sowohl für Trainingszwecke konzipiert als auch konkret im Alltag bei jeder strategischen Entscheidungssituation direkt einsetzbar.

Beispiel

Kurz vor Ausbruch der Corona-Pandemie bat uns die Geschäftsführung eines Handelsunternehmens, mit ihnen über Ansatzpunkte zu diskutieren, um fitter für die zunehmend komplexen Herausforderungen des Marktes und der eigenen Organisation zu werden. In einer intensiven Auseinandersetzung wurden die Entscheidungspraktiken und -kultur als Hebel identifiziert. Basis dafür war die gemeinsame Erkenntnis, dass es mehr Orientierung und Priorisierung im tagtäglichen Tun braucht. Eine anstehende strategische Entscheidung (»Sollen wir zwei bislang unabhängige Kooperationen unter einem gemeinsamen Dach zusammenschließen?«) wurde ausgewählt, um eine purpose-driven-Entscheidungspraxis der Geschäftsführer zu pilotieren. Das Feedback der Geschäftsführung lautete: »Die Diskussion über die jeweiligen ›Wofürs‹ aus den unterschiedlichen Perspektiven hat uns Geschäftsführern sehr geholfen, die Entscheidung klarer und konsistent in die Organisation zu kommunizieren. Die Akzeptanz und damit die Umsetzung war besser.«

Der »Lackmus-Test« erfolgte prompt: Der Corona-Krisenstab wendete eine purpose-driven-Entscheidungspraxis bei strategischen Entscheidungen konsequent an. Das Feedback von Führungskräften und Mitarbeiter:innen nach der siebenmonatigen Anwendung: »Wir wissen, woran wir unsere operativen Entscheidungen ausrichten und haben trotzdem genügend Raum für eigene kreative oder pragmatische Lösungen. Das gibt uns in dieser schwierigen Zeit Vertrauen.«

Raum für eigene Gedanken/meine Notizen

3.2 Suche: Rezepte zum Entwickeln und Bewerten von Optionen

3.2.1 Strukturhilfen für Entscheidungsprozesse

Stefan Groß

Thema

Strukturen unterstützen. Strukturen geben Halt und Sicherheit. Strukturen entlasten. Sie bieten einen Rahmen, innerhalb dessen man sich gemeinsam bewegen kann. Dabei helfen sie, Wesentliches nicht zu übersehen. Innerhalb der Strukturfelder kann man an bestimmten Schwerpunkten jederzeit in die Tiefe tauchen. Zugleich verhindern sie unnötige Wiederholungsschleifen. Sie verschaffen einen systematischen Überblick über das Ganze und geben Orientierung beim Erforschen des Entscheidungsraums. Wer zudem den Mut aufbringt, sich von bisherigen Strukturen zu lösen, um neuen Varianten eine Chance zu geben, der wird mit einem qualitativ hochwertigen, differenzierten und umsichtigen Ergebnis belohnt.

Zutaten

Hier finden Sie einige Klassiker für die strukturierte Planung eines Entscheidungsprozesses. Auch einzelne Elemente davon können bereits unterstützende Wirkung haben.

- Sammeln Sie auf der inhaltlichen Ebene relevante Fragen und Aspekte, die bei dem Thema bedacht oder geklärt sein müssen, um gemeinsam gut entscheiden zu können.
- Erstellen Sie eine kurze, strukturierte Aufbereitung der Vergangenheit: Welche Informationen zum bisherigen Prozess braucht es für alle Beteiligten, um ab hier gut unterstützen zu können?
- Was sind die drei bis fünf relevanten Kriterien, die einer gemeinsamen Entscheidung zugrunde liegen sollen? Worauf müssen wir achten?
- Entwickeln Sie konkrete Szenarien zu den möglichen Entscheidungsalternativen, inklusive des Szenarios, was passieren wird, wenn wir nichts entscheiden.

Des Weiteren sind bereits im Vorfeld nützlich:

- eine Struktur zur Kommunikation im Nachgang zu Ergebnis und Prozess
- eine Struktur mit konkreten ersten Schritten/Verantwortlichkeiten in der Umsetzung
- ein strukturiertes Feedbackkonzept, in dem geklärt ist, ob, wie und wozu Rückmeldungen von außen hilfreich sind.

Das Beste daran: Strukturen entfalten ihre Kraft und Wirkung bereits ohne differenzierte Befüllung! Die Überschrift genügt. Der Rest kann dann gemeinsam entwickelt und besprochen werden.

Vorgehensweise/Zubereitung

In der Vorbereitung

- Investieren Sie genügend Zeit. Wenn Sie es schaffen, die richtigen also relevanten Fragen zu sammeln, um daraus einen passenden Rahmen zu basteln, wird der eigentliche Entscheidungsprozess zum Selbstläufer.
- Lassen Sie sich mit dem Prozess ausreichend Zeit und planen Sie das Vorgehen in Etappen. So kann auch zwischen einzelnen Gesprächsrunden vor- und nachstrukturiert werden.
- Verschicken Sie die Strukturen zusammen mit dem Plan für das Vorgehen ca. eine Woche vor dem geplanten Termin. So können sich alle Beteiligten bereits vor der Veranstaltung entsprechende Gedanken und Notizen machen.

- Falls Sie spezifische Beiträge von einzelnen Expert:innen erwarten, sprechen Sie diese im Vorfeld gezielt an.

Eine Entscheidungsvorlage mit den relevanten Strukturaspekten

- Beschreiben Sie auf 1–2 Seiten die Ausgangssituation oder Problemstellung und was es (heute hier) gemeinsam zu entscheiden gilt.
- Verschaffen Sie allen einen Überblick über die Beteiligten bzw. die von der Entscheidung betroffenen Personen.
- Stellen Sie die möglichen Alternativen, die bereits erkannt sind, in einem einheitlichen Raster nebeneinander dar, um Quervergleiche zu ermöglichen.
- Checken sie nochmals mit Dritten, ob alle relevanten Aspekte in der Vorlage abgedeckt sind oder weitere Informationen benötigt werden.
- Legen Sie für jeden Bearbeitungspunkt ein Zeitfenster inkl. Pufferzeit fest.

Im Prozess: Gemeinsam die Strukturen befüllen

- Verschaffen Sie allen einen kurzen Überblick zum Einstieg, wie das Vorgehen geplant ist. Stellen Sie die Struktur(en) mit kurzen Beispielen vor. Ergänzen Sie bereits hier weitere Fragen, falls ein relevanter Aspekt fehlen sollte. Wenn alle (ungefähr) verstanden haben, worum es geht, geht's los.
- Wurden die Strukturen bereits im Vorfeld mit bekannten Argumenten befüllt, schenkt das im Prozess wertvolle Zeit, gemeinsam in weitere Tiefenstrukturen vorzudringen!
- Halten Sie sich bereits zu Beginn an Ihre eigenen Vorgaben. Wenn sie schneller sein sollten als geplant, umso besser. Falls Sie mehr Zeit benötigen sollten, verlängern Sie zunächst um maximal 5 Minuten pro Arbeitsschritt.
- Machen Sie auch im Workshop ausreichend Pausen. Hier lassen sich einzelne Punkte auf kurzen Wegen klären. Gleichzeitig ermöglicht die Pause, den Ablauf bei Bedarf noch einmal umzustellen oder die Struktur zu verändern.
- Sichten Sie vor der finalen Entscheidung noch einmal gemeinsam alle relevanten Kriterien und die Argumente.

- Halten Sie für die anschließende Kommunikation die 3–5 Hauptargumente, die zur Entscheidung geführt haben, noch einmal schriftlich fest. Ist keine Entscheidung möglich, vereinbaren Sie, was bis zum nächsten Mal geklärt wird, um entscheidungsfähig zu sein.

Die Brücke zum Erfolg: Kommunikation, Umsetzung und Feedback

- Achtung: Mit der getroffenen Entscheidung ist der Prozess noch nicht zu Ende! Kommunikation, Umsetzung und Feedback sollten die drei Stichworte auf dem letzten Strukturraster sein.
- Vereinbaren Sie gemeinsam, wer die Kommunikation in welcher Form übernimmt. Was müssen Nichtbeteiligte vom Prozess wissen, um Ihre Entscheidung nachvollziehen zu können?
- Planen Sie bereits im Workshop die ersten Schritte der Umsetzung. Verabreden Sie einen Zeitpunkt, an dem Sie (gemeinsam) überprüfen wollen, inwieweit dies dann auch tatsächlich geschehen ist.
- Klären Sie, ob und von wem Sie gerne Feedback zu Ihrer Entscheidung (und zur Kommunikation), auf welchem Wege haben wollen.

Cross-Check

- Beginnen Sie – je nach Komplexitätsgrad – frühzeitig mit den Planungen und dem Sammeln der relevanten Aspekte; gerne auch im Team!
- Stellen Sie die zentralen Strukturen in einer Entscheidungsvorlage nebeneinander und prüfen Sie, ob sich daraus ein umfassendes Bild ergibt.
- Denken Sie im Workshop vom Ende her: Was brauchen wir, damit wir am Ende entscheidungsfähig sind? Kürzen Sie ggfs. großzügig ab, wenn das Ziel schneller erreicht werden kann.
- Nach der Entscheidung ist vor der Entscheidung: Bleiben Sie im Prozessdenken, auch nachdem die Entscheidung getroffen ist!

Ergebnis

Dank der Strukturhilfen wurde das (gemeinsame) Navigieren durch den Entscheidungsprozess überhaupt erst möglich. Selbst die Schritte danach haben sich aus Arbeiten mit Strukturen ergeben. Weitere Dokumentationen und Klärungsschleifen sind nicht mehr nötig.

Aufwand/Zeit/Schwierigkeitsgrad

- Das Praktische an Strukturen ist ihre Wiederverwendbarkeit. Die konkreten Inhalte entstehen jedes Mal neu im Prozess; die Leitfragen oder Kategorien bleiben dieselben. Einmal verstanden, wie sie funktionieren, können sie schnell und überall eingesetzt werden. Bewährte Standards sind in Praxishandbüchern zur Moderation schnell zu finden. Während die Gruppe noch diskutiert, kann der nächste Schritt auf einem Notizzettel schon einmal vorgedacht werden. Das eigene Repertoire mit Favoriten wächst dann im Verlauf; und mit der Anwendung die Lust, auch in unübersichtlichen Situationen mit visualisierten Strukturen für Ordnung zu sorgen.

Tipps/Hinweise

- Fragen und Einwände zu sammeln, heißt nicht, diese auch sofort beantworten oder bearbeiten zu müssen. Manches entfaltet seine Wirkung im Nachgang. Widerstehen Sie dem Reflex, sofort reagieren zu wollen.

Abb. 16: Strukturbeispiel: Entscheidungsrahmen klären

- Der Knackpunkt für gute Entscheidungen in Gruppen sind gemeinsame, transparente Kriterien. Nehmen Sie sich die Zeit, gerade diese zu präzisieren.
- Die Arbeit auf Papiermedien (Flipchart, Pinnwand, Post-its) oder auf virtuellen Whiteboards macht Interaktion deutlich einfacher und hält den Prozess offen für dynamische Veränderungen.
- Aufschreiben hilft! Wenn jeder einen Stift und Moderationskarten hat, braucht es kein zentrales Protokoll.
- Spielen Sie alle Optionen im gleichen Strukturmodus durch und arbeiten Sie dabei möglichst viel parallel. Das spart Zeit!
- Halten sie alle Zwischenergebnisse im Raum sichtbar. So erkennen Sie sowohl Lücken als auch Zusammenhänge.
- Entwickeln Sie Routinen und greifen Sie auf Bewährtes zurück.

Beispiel

Im Rahmen eines Restrukturierungsworkshops stellte sich gegen Ende die Frage, welchem Bereich ein Team von Spezialist:innen zugeordnet werden sollte, welches kaum Schnittmenge in die neuen Bereiche hatte. Trotz fortgeschrittener Zeit entbrannte eine emotionale Diskussion unter den beteiligten Führungskräften, in der jeder gute Gründe vorbrachte, warum diese Spezialist:innen *nicht* in das jeweilige Team passen. Beim Wiedereinstieg nach einer kurzen Pause – die nötig war, um die Gemüter zu beruhigen – wurden zunächst gemeinsam drei Kriterien (Führungsspanne Team, Standort, inhaltliche Beurteilungskompetenz der Führungskraft) festgelegt, entlang derer die Entscheidung klugerweise getroffen werden sollte. Mit diesem Strukturimpuls vonseiten des Moderators war die Entscheidung dann eigentlich schon getroffen und von allen akzeptiert.

Passt gut zu ...

- Rezept 3.1.2, »Aufträge klar formulieren«

Raum für eigene Gedanken/meine Notizen

____

____

____

____

3.2.2 Rollen und Verantwortung zuordnen

Susanne Delius

Thema

Für ein gutes, gemeinsames Entscheiden ist Rollenklarheit im Team wesentlich. Wer übernimmt welche Verantwortung und Rolle im Team? Wie sortieren, ordnen, verteilen wir unsere Aufgaben sinnvoll? Welche Aufgaben übernehmen einzelne Personen? Welche Schnittstellen gibt es bei der Aufgabenbearbeitung? Welche Themen werden von mehreren Personen, welche vom Gesamtteam bearbeitet?

Die Antwort auf diese Fragen schafft den strukturellen Rahmen für die gemeinsame Arbeit im Gesamtteam, damit die Aufgaben effizient und effektiv bearbeitet werden können.

Zutaten

- Sinn und Zweck der Aufgabenverteilung/Rollenzuordnung im Team
- Sammlung aller Aufgaben, die aktuell/künftig im Team bearbeitet werden (fachliche, operative Themen, vernetzte/schnittstellenübergreifende Aufgaben, Projekte etc.). Dokumentation in einer Tabelle oder auf einer Moderationswand
- Kategorisierung der Aufgaben nach definierten Ordnungskriterien/Rollenbezeichnungen
- Decisio-Map-Leitfragen (s. Kochzutaten, Abschn. 2.3)

- themenzentrierte Einwandintegration (s. Rezept 3.3.4, »Einwände strukturieren und gewichten«)

Vorgehensweise/Zubereitung

1) Kern des Problems im Land der Suche aus den verschiedenen Perspektiven im Team analysieren:
   - Ist-Aufgabensammlung und Rollenclusterung auf einer Moderationswand visualisieren
   - neue Aufgaben der Zukunft ergänzen
   - Gemeinsame Bewertung vornehmen:
     - Was läuft gut? Was sollte bewahrt werden?
     - Wo hakt/stolpert es? Was sind die Gründe?
2) neue optimierte Aufgabenstruktur entwickeln:
   - Kriterien definieren, die zur Ordnung der Aufgaben in Rollen sinnvoll sind
     Zum Clustern der Aufgaben- und Verantwortungsbereiche in einer Rolle bedarf es sinnvoller Kriterien. Sinn ist nicht in der Welt, sondern wird gegeben. Er hängt maßgeblich von der Art des Geschäftes ab, das ein Team insgesamt verantwortet. Die folgenden Kriterien sind Beispiele, die sich gut zum Ordnen von Aufgaben eignen. Sie können beliebig ergänzt oder reduziert werden – je nachdem, wie das operative Geschäft des Teams aussieht.
     - *inhaltliche Nähe:* Welche Aufgaben gehören zusammen? Wo braucht es ein Gesicht, einen Ansprechpartner nach außen?
     - *regionale Struktur* (DACH, EMEA, APAC, Deutschland, Ausland, Norden/Süden/Osten/Westen): Welche Standorte können wie gut zusammengefasst werden?
     - *Kompetenz:* Welche Aufgaben/Projekte erfordern welches fachliche Können, welche Erfahrung und Kompetenz?
     - *Verantwortungstiefe:* Wie viel Breite und Tiefe, wieviel Gestaltungsspielraum lassen die Aufgaben?
     - *Spaß/Leid:* Welche Aufgaben sind dankbar und machen Freude? Welche Aufgaben sind eher unerfreulich?
   - Zusammenfassung der Aufgaben und Zuordnung zu Rollen:
     - Arbeit im Plenum oder in Kleingruppen (je nach Größe des Teams)

– gesammelte Aufgaben anhand der Kriterien neu zusammenfassen/clustern und Rollen/Personen zuordnen, sodass das Gute bewahrt wird und die vorhandenen Probleme gelöst werden
– Rollen-Bezeichnungen definieren: zu jeder Rolle muss ein übergeordneter, zum Verantwortungsbereich passender Name gefunden werden

Rollenbezeichnung	Ist verantwortlich für …	Rollenträger:in

Tab. 2: Dokumentation der Rollen im Team

– wenn es mehrere Lösungsoptionen zur Wahl gibt: Widerstandsabfrage zur Auswahl einer Option durchführen (s. Abschn. 3.3).

- Schweregrad des Einwands bewerten:
  – Leichte und/oder mittlere Einwände müssen gehört oder besprochen werden. Z. T. treten hier auch Fragen oder Zweifel zum Rollenvorschlag auf, die in der späteren Lösungsbearbeitung mitbeantwortet werden.
  – Schwerwiegende Einwände müssen in den Lösungsvorschlag integriert werden, da das Schadensausmaß zu groß ist.
- Perspektive des Einwands zuordnen:
  – Einwände, die den Zweck der Organisation gefährden, haben grundsätzlich das stärkste Gewicht.
  – Einwände, die das Team gefährden, sind wichtiger als Einwände, die einzelne Individuen betreffen.

3) Rollenbeschreibungen beschließen:
- Einwände zu den Rollenvorschlägen sammeln: Alle Rollenvorschläge werden auf Einwände geprüft. Empfehlenswert ist, die Einwände strukturiert zu bewerten. Wie schwerwiegend ist der Einwand (auf einer Skala von leicht-mittel-

schwer)? Wen betrifft der Einwand hauptsächlich (Individuum-Team-Organisation)?

- Relevante Einwände gegen Rollenvorschläge werden in einen alternativen Vorschlag integriert.
  Je nachdem, wie umfangreich die Einwände sind, kann es sinnvoll sein, diesen Schritt in Arbeitsgruppen zu delegieren und zu einem späteren Zeitpunkt die neuen Vorschläge vorzustellen, abzustimmen und zu beschließen.
- Rollenbeschreibungen verabschieden:
  Mit beliebigem Beschlussverfahren die Rollenbeschreibungen verabschieden.
- Kommunikation der neuen Rollenbezeichnungen nach innen und außen planen

Ergebnis

Mit der Rollenbeschreibung ist der strukturelle Rahmen für die gemeinsame Arbeit, das gemeinsame Entscheiden im Gesamtteam festgelegt. Es ist klar, wer im Team wofür zuständig ist. Die Aufgaben können effizient und effektiv miteinander bearbeitet werden.

Aufwand/Zeit/Schwierigkeitsgrad

- Vorbereitung der Zutaten: 2 Stunden
- Zubereitung: 4 Stunden Workshop

Tipps/Hinweise

Moderation empfohlen

Beispiel

Im Nachgang einer Mitarbeiterbefragung wurde deutlich, dass die Rollen in einem Subteam der Abteilung nicht mehr sinnvoll waren, dass die Aufgaben neu zugeordnet werden mussten. Dazu listeten die Mitarbeiter des Teams zunächst alle Aufgaben auf, die im Team anfallen und bearbeitet werden. Auf Basis dieser Aufgabenliste nahmen wir in einem 4-stündigen Workshop die Neuverteilung der Aufgaben vor. Zunächst entwickelten wir Kriterien für die neue Verteilung der Aufgaben: Wollen, Können, Komplexität der Aufgaben, one-face-to-the-customer, Vielseitigkeit, Kapazität, Volumen. Auf Basis dessen bündelten wir die Aufgaben und ordneten sie Rollen/Personen zu. Die so entstandenen Optionen der neuen Aufgabenverteilung wurden diskutiert und

Einwände formuliert und integriert. Jede Rolle erhielt einen Titel, der den Auftrag beschreibt. Ebenso wurde der Name für das Subteam entsprechend dem Auftrag neu formuliert. Zum Abschluss des Workshops wurde eine Erprobungsphase für die neue Struktur vereinbart, während der das Team regelmäßige Feedbackschleifen zum Funktionieren der neuen Struktur (Review) und zum Prozess der Zusammenarbeit (Retrospektive) durchführt.

Rollenbezeichnung	Ist verantwortlich für ...	Rollenträger:in
Tax DACH	• Operatives Tax Geschäft in der Region DACH • Projekte: IKS, Tax Reporting	Name
Tax EMEA/ APAC	• Operatives Tax Geschäft in der Region EMEA/ APAC • Projekte: SAP VR, Finance Grid, Quellensteuer	Name
Tax Americas	• Operatives Tax Geschäft in der Region Americas • Projekte: Betriebsstätten, DAC, SAP RG	Name

Tab. 3: Ergebnis der Rollenstruktur im Team

Passt gut zu ...

Die Festlegung der Rollenstruktur hat zwangsläufig mit der Zuschreibung von Verantwortung zu tun. Die Rezepte 3.4.6, »Partizipations- und Delegationsgrad bei Entscheidungen«, und 3.4.7, »Wer entscheidet was?«, sind ergänzende Methoden, um Verantwortungsbereiche und damit zusammenhängende Entscheidungsbefugnisse in Rollen klar und transparent zu beschreiben.

Raum für eigene Gedanken/meine Notizen

3.2.3 Prototyping – Entscheiden beschleunigen

Ingrid Kohlhofer

Thema

Lösungen liegen auf dem Tisch. Diese werden üblicherweise in PowerPoint präsentiert. Und trotz der systematischen Aufbereitung dauert es oft sehr lange, bis Entscheidungen getroffen werden. Warum? Die Entscheider sind unsicher, weil sie – gefühlt – zu wenig oder zu viele Informationen haben. Oft reicht ihr Vorstellungsvermögen nicht aus, die Entscheidung und ihre Konsequenzen einzuschätzen. Auch bei den besten PowerPoint-Präsentationen bleibt vieles im Unklaren und der Interpretation und Vorstellungskraft der entscheidenden einzelnen Person überlassen. Zudem verstellen uns oft emotionale Vorlieben die Sicht. Es entstehen verschiedene Realitäten, die die Einigung erschweren. Was tun? Machen Sie die Lösung im wahrsten Sinne des Wortes »greifbar« – probieren Sie es mit einem visuellen oder haptischen Prototyp. Damit holen Sie abstrakte Ideen in die »wirkliche« Welt.

Zutaten

- das zu lösende Problem (»Wie-können-wir«-Frage)
- Lösungshypothese(n)
- Prototyp (1 bis max. 3)
- je nach Testziel, angestrebte Realitätsnähe und Entwicklungsstufe: Stift und Papier/Legosteine/Klickdummies/3-D-Drucker/Geräte, um Videos herzustellen/Drehbücher für Rollenspiele (z. B. bei Servicedesign-Projekten)/etc.
- Entscheidungsmeeting mit dem Team und den Entscheidungsträger:innen
- Raum mit genügend Platz
- Moderator:in

Vorgehensweise/Zubereitung

1) Einigung auf gemeinsames Verständnis des zu lösenden Problems und des Entscheidungsbedarfs
2) kurze Zusammenfassung der Ergebnisse der Lösungsfindungsphase

Vorstellen der Lösung(en) und des (der) dazu gehörenden Prototypen. Prototypen können sein: Papierprototypen, Zeichnungen, 3D-Darstellungen, Legoprototypen, Rollenspiele, Blueprints, Videoclips
3) Entscheidung, z. B. was soll weiterverfolgt/getestet werden? Wie? Mit wem?

Ergebnis

- Versuchsmodell eines geplanten Vorhabens
- frühzeitiges Feedback bzgl. der Eignung eines Lösungsansatzes

Aufwand/Zeit/Schwierigkeitsgrad

- Dauer: 1 bis 4 Stunden
- Schwierigkeitsgrad: mittel

Tipps/Hinweise

Mit Hilfe eines Prototyps kann herausgefunden werden, ob die Ideen das Problem wirklich lösen. Je verständlicher und klarer das Team den oder die Prototypen ausarbeitet, desto einfacher können die zu testenden Annahmen überprüft werden. Im Kern ist der Prototyp ein Kommunikationsinstrument und dient dem gemeinsamen Verständnis.

Prototypen können unterschiedlich gestaltet werden. Der Kreativität ist keine Grenze gesetzt. Entscheidend ist die Entwicklungsstufe und das Testziel der Idee oder des Produktes. Papierprotoypen oder solche aus Legosteinen eignen sich gut, um erste Ideen mit den Nutzer:innen durchzusprechen und sich Feedback zu holen. Beteiligte haben weniger Hemmungen, Änderungen vorzuschlagen. Das hilft, die entscheidenden Hinweise für das finale Produkt, Dienstleistung, Geschäftsmodell, Prozess, Themenfindung etc. zu finden.

Das Prototyping ist idealerweise in einen strukturierten Produkt- oder Ideenentwicklungsprozess wie z. B. Design Thinking, Decisio-Map oder Service Design eingebettet. Je weiter im Entwicklungsprozess man Prototypen einsetzt, desto feiner sollte der Abstraktionsgrad sein.

Beispiel

New Work ist der Oberbegriff für einen grundlegenden und strukturellen Wandel in der Arbeitswelt. Es geht darum, wie Arbeit definiert und organisiert werden soll, um Mehrwert in Hinblick auf die Unternehmensstrategie zu schaffen. Tischkicker und die Krawatte weg zu lassen reicht da nicht aus. Einer unserer Kunden, der geeignete Lösungen bzgl. New Work für sich suchte, stellte die Frage: »Wie können wir ein inspirierendes und effektives Arbeitsumfeld mit Raum für Austausch, Kollaboration, Kreativität und konzentriertes Arbeiten für alle Nutzer schaffen?« In der Phase 1 dieser Transformation wurde das Arbeitsumfeld in den Blick genommen. Die im Unternehmen stattfindenden Tätigkeiten wurden mit Nutzer:innen gemeinsam identifiziert, validiert, Gewohnheiten hinterfragt, aus unterschiedlichen Blickwinkeln betrachtet. Um die Ideen für die Neugestaltung begreifbar zu machen, wurden sie mit Hilfe von Lego-Steinen dargestellt. Die anschließende Diskussion mit den Entscheidern fokussierte auf: »Ist dies das, was wir uns vorgestellt haben? Welchen Mehrwert schaffen wir mit diesen Ideen? Welches Problem lösen wir?« Mit Hilfe des Lego-Büroraumes konnte der Kunde die Entscheidung, wie genau das Arbeitsumfeld aussehen sollte, innerhalb von zwei Meetings treffen.

Abb. 17: Prototyping Beispiel

Raum für eigene Gedanken/meine Notizen

3.2.4 Lösungsoptionen/Entscheidungsalternativen konkretisieren und die Akzeptanz steigern

Katrin Mackenstedt

Thema

Wenn Routinen nicht weiterführen, müssen Lösungen manchmal auf einem anderen Weg als dem gewohnten gefunden werden. Spielerisches, assoziatives Denken, das in viele Richtungen geht, ermöglicht das Lösen von vorgefassten Meinungen und Präferenzen. Das Denken soll dann bewusst die vertrauten Wege verlassen, »quer durchs Gelände laufen« – Widersprüche sind dabei gewollt und akzeptiert. Die Grundidee ist, ein Thema aus sechs verschiedenen, vorgegebenen Perspektiven zu betrachten. Das Besondere an diesem Rezept: Wichtige Perspektiven kommen auf den Tisch, mehr Neues, mehr Tiefgang und last but not least Emotionen bringen Energie und Bewegung ins Thema.

- Wie können erste Ideen, Lösungs- und Entscheidungsalternativen schnell und mit möglichst vielen Perspektiven geprüft und herausgefordert werden?
- Wie gewinnen wir ein Gefühl für die Akzeptanz und den richtigen Fokus?
- Wie reichern wir diese Alternativen um wichtige Punkte an, damit sie als Entscheidungsvorlage dienen können?

Zutaten

- Skizzierung des Themas bzw. der Ausgangs- oder Problemsituation

- ein erster Ansatz/Idee für eine Lösungs- oder Entscheidungsalternative
- Denkhüte-Methode nach de Bono (1989): 6 farbige Hüte-Karten mit Anleitung für die Gruppendiskussion und eine Pinnwand/ Whiteboard mit 4-Felder-Matrix zum Notieren der Gedanken

Abb. 18: Denkhüte nach de Bono (1989)

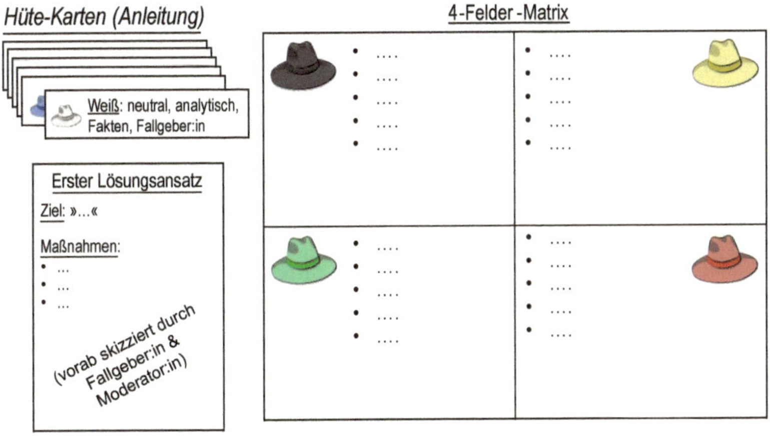

Abb. 19: Materialset Lösungsoptionen

Vorgehensweise/Zubereitung

1) Falls noch nicht bekannt, werden die Denkhüte-Methode und ihr Nutzen kurz erläutert.
2) Die 6 Hüte werden an die Teilnehmenden vergeben. Dabei gibt es verschiedene Möglichkeiten, die variiert oder auch abgewechselt werden können:

- Teilnehmende dürfen eine Hutfarbe wählen.
- Den Teilnehmenden wird eine spezielle Hutfarbe zugeordnet (z. B. als bewusster Perspektivwechsel).
- Zunächst werden nur 1–2 Hutfarben angewandt (niedrigschwelliger Einstieg in die Methode) und im nächsten Schritt erst die weiteren. Auch sinnvoll, wenn weniger als 6 Personen beteiligt sind.
- Wichtige Hüte können doppelt vergeben werden.

3) Die Teilnehmenden machen sich mit den Fragen und Perspektiven ihrer Hutfarbe vertraut und währenddessen skizzieren Moderator (blau) und Fallgeber (weiß) in einem kurzen Vorgespräch und z. B. auf Flipchart (10–15 Min.):
   - Ausgangslage/Thema und Ziel
   - eine erste, grobe Lösungsidee
4) Start erster Teil der Gruppendiskussion (ca. 15 Min.): Aus Sicht der 4 Hüte (gelb, schwarz, rot, grün) werden die Meinungen zu dieser ersten Lösungsidee geäußert und notiert (in 4-Felder-Matrix s. o.). Es wird darauf geachtet, dass alle Perspektiven gut und ausreichend zu Wort kommen.
5) Kurzer Stopp durch die Moderation und die Möglichkeit, die Hüte zu wechseln. Anschließend Start zweiter Teil der Gruppendiskussion (ca. 15 Min.). Hier sollen gezielt noch weitere Aspekte gefunden werden, die die Lösungsidee verfeinern oder weitere Lösungsalternativen aufzeigen. Hilfreiche Fragen können sein:
   - Welche Ideen und Lösungen sind für uns (noch) interessant?
   - Wie können wir diese neue(n) Lösungsidee(n) ausgestalten?
   - Und worauf ist (noch) zu achten?

Ergebnis

Ein wesentlich klareres Bild, welche Lösungsoptionen welche Potenziale, Chancen und Risiken beinhalten, und worauf in puncto Akzeptanz und Kommunikation besonders zu achten ist.

- Für die erste Lösungsidee sind die Chancen und Risiken beleuchtet worden und sie ist angereichert, verfeinert und konkreter.
- 1–2 weitere Lösungsoptionen sind skizziert.

- Der Fokus auf eine oder mehrere Optionen kann nun gelegt und die nächsten notwendigen Schritte für die Ausarbeitung definiert werden.

Aufwand/Zeit/Schwierigkeitsgrad

- Vorbereitung der Zutaten: 6 farbige A5 Hüte-Karten drucken bzw. schreiben (10 Min.) und Whiteboard/Pinnwand mit 4 Feldern (5 Min.)
- Zubereitung: 45–60 Minuten
- Schwierigkeitsgrad: mittel
- Moderation empfohlen

Tipps/Hinweise

Das Vorgespräch zwischen Moderator:in (blau) und Fallgeber:in (weiß) und die klar formulierte Aufgabenstellung sind sehr wichtig. Ohne eine erste Lösungsidee kann nicht zielführend gearbeitet werden. Hierbei ist es ausreichend, diese grob in 3–4 Stichpunkten zu skizzieren.

Der spielerische Rollenwechsel mit Hilfe der sechs Denkhüte verstärkt die Bereitschaft, fremde Positionen und Erkenntnisse in die Lösungsfindung einzubeziehen. Der Wechsel der Hüte trainiert die Flexibilität im Denken und »den ganzen Kopf zu benutzen«.

Beispiel

Ein mittelständisches Unternehmen hat sich zur Transformation entschieden, Strukturen verändert und vor sechs Monaten agile Arbeitsweisen eingeführt. Ein Teil des Vertriebsteams hat bereits vorher in einem agilen Projekt gearbeitet und kennt die Denk- und Arbeitsweisen. Die anderen Kolleg:innen stehen dem Ganzen sehr skeptisch gegenüber, Widerstände sind spürbar, es haben sich zwei Lager gebildet und die Zusammenarbeit und Produktivität leiden. Ziel der Abteilungsleitung ist es, die Akzeptanz der neuen Strukturen zu erhöhen und die Zusammenarbeit im Team wiederherzustellen. Zu ihrer ersten Idee, eine Infoveranstaltung (Ziele und Nutzen agilen Arbeitens) und einen anschließenden Team-Workshop (gemeinsam in Tandems an Praxisfällen arbeiten u. a.) durchzuführen, möchte sie Feedback haben und nutzt dazu in der Diskussion mit einigen Kollegen und agilen Coaches die o. g. Methode.

Variationen

Die Methode kann auch eingesetzt werden, nachdem eine Entscheidung getroffen wurde und die Realisierung nun geplant werden soll. Anstelle der »ersten Lösungsidee« tritt dann die Entscheidung für eine konkrete Option.

Raum für eigene Gedanken/meine Notizen

____

____

____

____

3.2.5 Entscheidungsalternativen bewerten und vergleichen mittels Scoring-Modell

Katrin Mackenstedt

Thema

Die Entscheidung im eigentlichen Sinn, also Auswahl und Beschluss einer Lösung, sollte besonders dann durch eine quantitative Methode gestützt werden, wenn ein hoher Transparenzgrad gewünscht wird und z. B. Kriterien und deren Gewichtung offenzulegen sind. Ein Scoring-Modell kann die Schärfung von Kriterien und deren Priorisierung wesentlich unterstützen und auch komplexe Bewertungen handhabbar machen.

- Wie können Lösungs- und Entscheidungsalternativen möglichst objektiv und nachvollziehbar miteinander verglichen werden?
- Wie definieren wir Kriterien sauber?
- Wie erreichen wir eine gemeinsame Priorisierung von Kriterien?

Zutaten

- mindestens 2 Lösungs-/Entscheidungsalternativen (A, B, …)
- mindestens 2 (besser 4) Teilnehmende (ggf. auch online)
- mindestens 1 Flipchart/Whiteboard

Vorgehensweise/Zubereitung

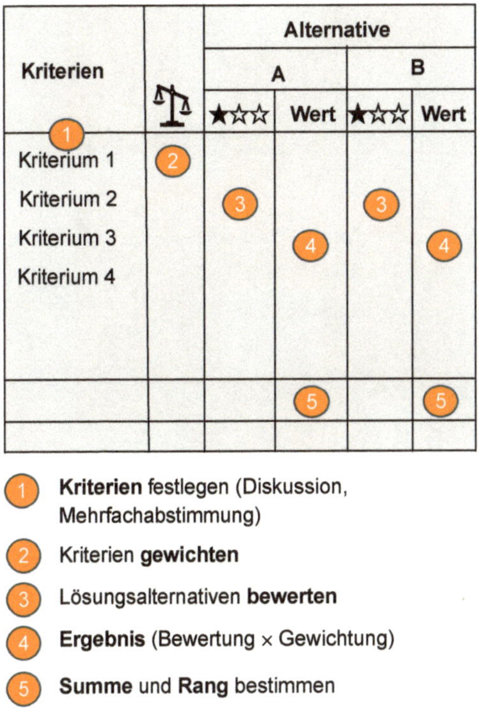

Abb. 20: Alternativen bewerten und vergleichen

1) Zunächst wird das Ziel, das mit der Entscheidung verfolgt wird, nochmal sauber definiert und aufgeschrieben. Dabei kann überraschenderweise deutlich werden, dass bisher kein übereinstimmendes Verständnis hierzu herrschte. Nun kann es hergestellt werden.
2) Anschließend werden in Bezug darauf die Kriterien gesammelt (z. B. Kosten, Ressourcen, Geschwindigkeit der Umsetzung, Akzeptanz) und ebenso notiert (ggf. auf Karten/großen Post-its zum leichteren Sortieren). Diese Kriterien können

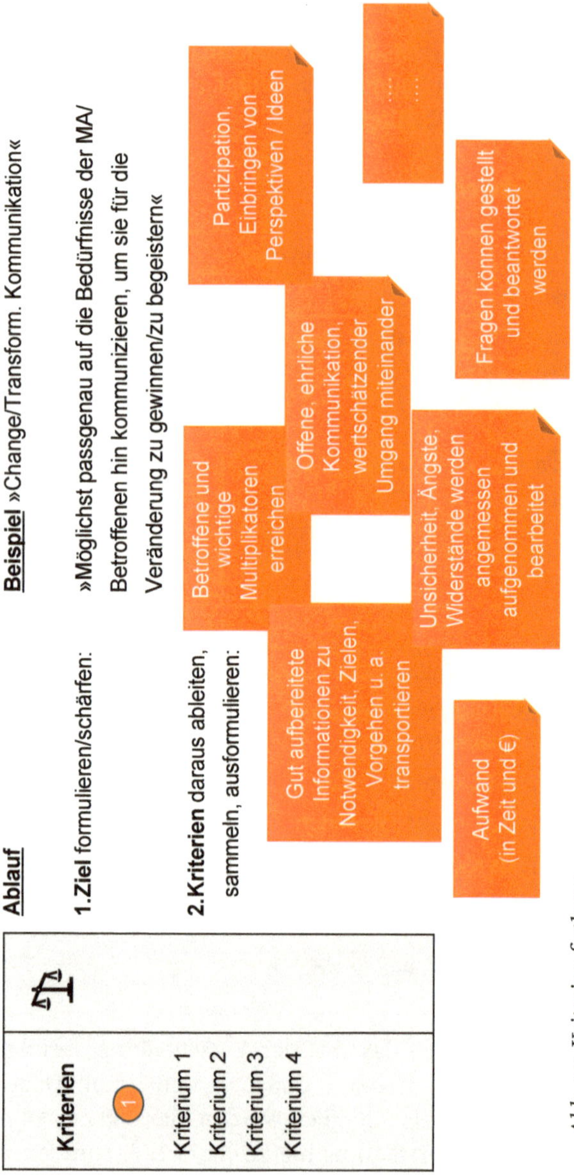

Abb. 21: Kriterien festlegen

später auch für ein Review oder eine Erfolgsmessung herangezogen werden. Achtung: Ein Ausschlusskriterium muss nicht mehr gewichtet und bewertet werden.

3) Im nächsten Schritt teilen wir gern die Gruppe, um eine gegenseitige Beeinflussung und ein »sich das Ergebnis schön rechnen« auszuschließen. Wir lassen die eine Teilgruppe an der Priorisierung der Kriterien arbeiten (s. Punkt 4 für die andere Teilgruppe). Dies geschieht in einem 3-stufigen Verfahren:

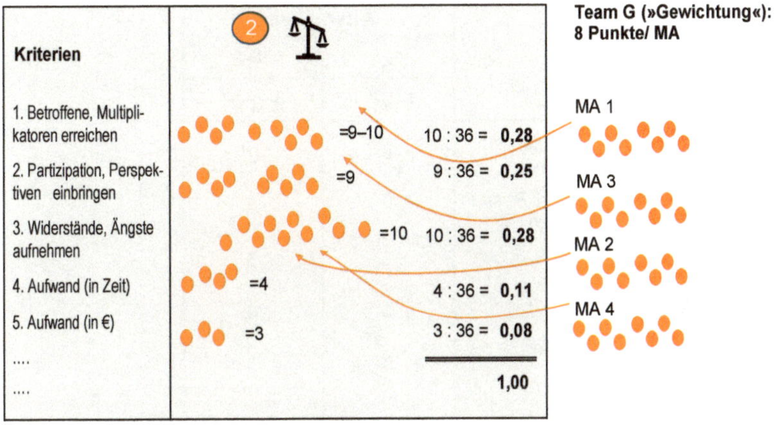

Abb. 22: Gewichtung der Kriterien

- Hinweis: Gewichtungen sollen maximal 2 Nachkommastellen haben.
- Jede Person erhält doppelt so viele (Klebe-)Punkte wie Kriterien (d.h. bei 8 Kriterien gibt es 16 Punkte pro Person; alternativ: Striche statt Punkte). Anschließend verteilen die Personen die Punkte nach ihrer eigenen persönlichen Gewichtung auf die Kriterien.
- Ergebnis und Gesamtbild gemeinsam ansehen. Augenmerk liegt oft dort, wo die individuellen Einschätzungen weit voneinander abweichen. Hilfreiche Aspekte: Was ist der Hintergrund für die besonders hohe/niedrige Priorisierung? Ist ein Angleichen möglich in Bezug auf die anderen Kriterien und das Gesamtbild? Wodurch würde das möglich? Fehlen noch Kriterien oder können welche zusammengefasst werden? Nach dieser Iteration werden gemeinsam die neuen Werte notiert.

- Punkte pro Kriterium aufsummieren, durch Gesamtzahl Punkte teilen. Es ergeben sich meist Werte zwischen 0,4 und 0,05 bei den einzelnen Kriterien. Summe aller Gewichte = 1,0 bzw. 100 %. Dann Reihenfolge neu sortieren (Kriterium mit größtem Gewicht nach oben).

4) Parallel dazu nimmt die andere Teilgruppe unbeeinflusst davon eine neutrale Bewertung der Entscheidungsoptionen vor (Skala 1–10 wobei 1= nur knapp erfüllt/10= optimal erfüllt).

Kriterien	**Alternativen**	
	A	**B**
	★☆☆	★☆☆
1. Betroffene, Multiplikatoren erreichen	8	8
2. Partizipation, Perspektiven einbringen	8	5
3. Widerstände, Ängste aufnehmen	5	3
4. Aufwand (in Zeit)	3	4
5. Aufwand (in €)	3	2

3

Team B (»Bewertung«: 1–10 Sterne/Punkte zu vergeben
1 = kaum erfüllt / schlecht
10 = voll erfüllt / sehr gut

Beispiel »Change/Transform. Kommunikation«

Alternative A: Townhall mit Break Out Sessions mit Management, Betriebsrat, alle MA eingeladen (4 Std.)

Alternative B: Change-App mit 14-Tägl. Videobotschaften des Managements, regelmäßige Updates des Change Teams, Hintergrundberichte, FAQ, Q&A

Abb. 23: Bewertung von Alternativen

5) Abschließend findet per Multiplikation die Berechnung der gewichteten Bewertungen statt. Es ergibt sich eine Rangfolge mit der »besten« Entscheidungsalternative.

Kriterien		Alternative A		Alternative B	
		★☆☆	Wert (4)	★☆☆	Wert (4)
1. Betroffene, Multiplikatoren erreichen	0,28	8	2,24	8	2,24
2. Widerstände, Ängste aufnehmen	0,28	8	2,24	5	1,4
3. Partizipation, Perspektiven einbringen	0,25	5	1,25	3	0,75
4. Aufwand (in Zeit)	0,11	3	0,33	4	0,44
5. Aufwand (in €)	0,08	3	0,24	2	0,16
(5) Summe & Rang			6,3		4,99
			1.		2.

Abb. 24: Ergebnisse zusammenführen und beste Lösung ermitteln

Ergebnis
- nachvollziehbare Kriterien sowie unabhängige Gewichtungen
- Transparenz im Bewertungsprozess
- eine rechnerisch »beste Alternative«

Aufwand/Zeit/Schwierigkeitsgrad
- Vorbereitung der Zutaten: 1 Flipchart oder Whiteboard mit Scoring-Template (10 Min.)
- Zubereitung: 45–120 Minuten (abhängig von der Komplexität des Themas sowie der Anzahl der Kriterien und Lösungsoptionen)
- Schwierigkeitsgrad: leicht

Tipps/Hinweise
Die Priorisierung sollte durch die Hauptnutzer:innen bzw. Beteiligten erfolgen. Die Bewertung dagegen kann teilweise auch durch fachlich kompetente, aber neutrale Dritte erfolgen. Falls es sich um ein sehr politisches oder emotional geladenes Thema handelt, ist eine Moderation empfehlenswert. Gut ausformulierte Kriterien (ggf. mit Unterpunkten/-kriterien) sind auch nutzbar für die Stakeholder-Kommunikation sowie für Entscheidungsvorlagen, die ans Management gehen.

Beispiel

Das Change-Team eines Unternehmens, das sich in der digitalen Transformation befindet, führte regelmäßig Formate zur Stakeholder-Kommunikation durch. Diese Formate reichten von Informationen im Management Dashboard über 1:1-Gespräche, Einladung zu Projektmeetings bis zum Einbeziehen einzelner Personen in Entscheidungen. Der Nutzen dieser vielfältigen Maßnahmen kann sehr unterschiedlich sein. Eine Bewertung mit dem Scoring-Modell kann besonders bei immer wiederkehrenden Konstellationen, Formaten und Kriterien sehr schnell und strukturiert erfolgen.

Im hier skizzierten Beispiel wurden zwei Entscheidungsalternativen – ein vierstündiges Townhall-Meeting und eine Change-App – miteinander verglichen. Das Townhall-Meeting erfüllte nach Einschätzung des Teams zu diesem Projektzeitpunkt die Kriterien besser und sollte eher geeignet sein, das definierte Ziel – »Mitarbeitende für die Veränderung gewinnen/begeistern« zu erreichen. Das Change-Team nutzte die Ergebnisse des Scoring-Modells für eine Entscheidungsvorlage und machte damit seine Empfehlung transparent.

Passt gut zu …

Diese quantitative Methode kombinieren wir oft und sinnvollerweise mit der Widerstandsabfrage (s. Rezept 3.3.1, »Widerstand oder Zustimmung abfragen«) und auch der themenzentrierten Einwandintegration (s. Rezept 3.3.4, »Einwände strukturieren und gewichten«).

Raum für eigene Gedanken/meine Notizen

3.2.6 Pre-Mortem

Susanne Delius

Thema

Entscheidungen werden oft zu schnell getroffen. Das liegt zum einen an starkem Zeit- und Effizienzdruck. Zum anderen neigen wir zur Selbstüberschätzung und damit verbundenen vorschnellen Beschlüssen, ohne uns vorher ausreichend mit den Fallstricken der Umsetzung zu beschäftigen. Die Folge: Beschlossene Projekte scheitern in der Realisierung. Wertvolle Ressourcen sind verschwendet. Hier setzt die Methode Pre-Mortem an. Bereits vor dem Beschluss fokussiert das Entscheider:innen-Team auf mögliche Fallstricke, Stolpersteine und Szenarien des Scheiterns und setzt sich kritisch damit auseinander. Dadurch wird die Tendenz zu Selbstüberschätzung und unkritischem Optimismus reduziert, die Qualität der Lösung verbessert und der Erfolg der Realisierung erhöht.

Zutaten

- zum Beschluss vorliegender Lösungsvorschlag, Entscheidungsvorlage
- Entscheider:innen-Team/Gruppe von Personen, die das Entscheidungsthema kennen, von der Realisierung betroffen oder daran beteiligt sind.

Vorgehensweise/Zubereitung

1) Projizieren einer Zukunft, in der die Entscheidung gescheitert ist; Bilden von Worst-Case-Szenarien
   Folgende Frage leitet dazu an: »Stellen Sie sich vor, wir befinden uns in der Zukunft, ein Jahr nachdem wir die Entscheidung getroffen haben. Wir haben den Beschluss/das Projekt in seiner jetzigen Form umgesetzt. Das Ergebnis ist eine Katastrophe, die Realisierung absolut gescheitert. Bitte skizzieren Sie die ›Story‹ zu dieser Katastrophe. Seien Sie dabei möglichst konkret in der Beschreibung.«
2) Analyse der Gründe für das »ausgemalte« Scheitern:
   Die verschiedenen Gründe für die Worst-Case-Szenarien werden zusammengetragen und die Wahrscheinlichkeit des Eintretens wird eingeschätzt. Die Probleme, deren Eintrittswahr-

scheinlichkeit am höchsten gewertet werden, sind diejenigen, mit denen sich in Punkt 3) weiter auseinandergesetzt wird.

3) Maßnahmen zur Vorbeugung der Scheiternsszenarien entwickeln:
   Hier gilt es, für die wahrscheinlichsten Gefahren und Stolpersteine Lösungen zu finden und herauszuarbeiten, wie man diese reduzieren bzw. mit diesen konstruktiv umgehen kann.
4) Integration der Maßnahmen in den Lösungsvorschlag:
   Die erarbeiteten Lösungen werden in die Entscheidungsvorlage, insbesondere in die Planung der Realisierung übernommen.

Ergebnis

- Die Gefahren für ein mögliches Scheitern des Lösungsvorschlages sind mitbedacht und werden über entsprechende Maßnahmen reduziert bzw. im Blick gehalten.
- Die Tendenz zu Selbstüberschätzung und unkritischem Optimismus wird reduziert, die Qualität der Lösung verbessert und der Erfolg der Realisierung erhöht.

Aufwand/Zeit/Schwierigkeitsgrad

- Schwierigkeitsgrad: einfach
- Zubereitung: 1 Stunde

Tipps/Hinweise

Die Methode kann auch bei wichtigen Entscheidungen einer Einzelperson zur Qualitätserhöhung beitragen.

Beispiel

Im Rahmen der Corona-Pandemie setzte sich das Team der Organisationsentwicklung eines großen Unternehmens mit der »Einführung virtueller Lernformate/digitaler Trainings« auseinander. Die schnelle, pragmatische Lösung war, alle Trainings auf digitale Formate umzustellen. Mit Hilfe der Pre-Mortem-Methode projizierte sich das Team in eine gescheiterte Zukunft der virtuellen Trainingslandschaft, sammelte die Gründe und setzte sich mit den wichtigsten auseinander. Auf dieser Basis entwickelte das Team Lösungsansätze, um mögliche Worst-Case-Szenarien zu verhindern.

Abb. 25a: Worst-Case-Szenarien, die in Kleingruppen entstanden

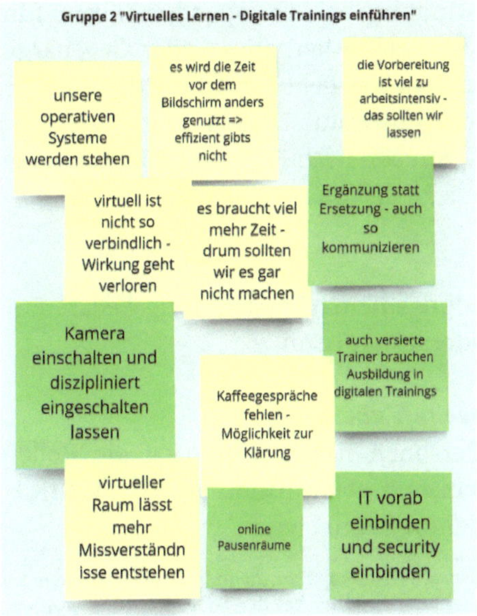

Abb. 25b: Worst-Case-Szenarien, die in Kleingruppen entstanden

Raum für eigene Gedanken/meine Notizen

3.2.7 Des Teufels Advokat

Susanne Delius

Thema

Manchmal sind sich alle im Team schnell einig, welche Entscheidung getroffen wird. So schön das ist – es lohnt sich, den Konsens zu hinterfragen. Perspektivenvielfalt trägt zur Qualitätserhöhung in der Entscheidungsfindung bei. Gruppendynamiken führen häufig zu vorschnellem Konsens. Alternativen oder Gegenargumente werden nicht berücksichtigt. Das geht auf Kosten der Entscheidungsqualität. Die Methode des Advocatus Diaboli[12] wirkt sozialer Erwünschtheit, Gruppendruck, Streben nach Harmonie entgegen. Sie hilft, Lösungsideen kontrovers zu diskutieren.

Zutaten

- Entscheidungsthema/Entscheidungsbedarf
- Entscheider:innen-Team

Vorgehensweise/Zubereitung

- Einige Personen nehmen bewusst die Rolle des Advocatus Diaboli ein und üben institutionalisierte Kritik an einem Vorschlag, der im Raum steht.

12 Der Begriff Advocatus Diaboli stammt ursprünglich aus der römisch-katholischen Kirche. Zur Entscheidungsfindung bei der Seligsprechung wurden zwei Rollen vergeben, die miteinander debattierten: Der Advocatus Diaboli hat gegen die Seligsprechung argumentiert, der Advocatus Angeli dafür.

- Das Team Advocatus Diaboli vertritt die Gegenseite unabhängig von ihrer tatsächlichen Meinung. Wie bei einem Rollenspiel setzen sich die Teammitglieder intensiv mit der Position der Gegenseite auseinander, um diese zu verstehen. Auf dieser Basis versuchen sie, die Argumente des vorhandenen Vorschlags zu widerlegen. Die gespielte Übernahme der Position erzeugt Distanz und hilft dabei, sich zu trauen, kritische, unbequeme Gedanken auszusprechen.
- Es empfiehlt sich, dass die Personen in der Rolle des Advocatus Diaboli zunächst ihre Argumente sammeln und andiskutieren.
- Danach findet die kontroverse Diskussion im gesamten Team statt.

Ergebnis

- Lösungsideen werden kritisch bewertet.
- Die intensive Beschäftigung mit den Gegenargumenten führt zu Perspektivwechsel und Blickerweiterung.
- Ein vorschneller Konsens wird vermieden, die Risiken des Vorschlags werden bewusst gemacht, die Qualität der Lösung verbessert und der Erfolg der Realisierung erhöht.

Aufwand/Zeit/Schwierigkeitsgrad

- Schwierigkeitsgrad: einfach
- Zubereitung: 30 Minuten bis zu 2 Stunden – je nach Komplexität des Themas

Tipps/Hinweise

Die Technik »Des Teufels Advokat« kann auch zu zweit durchgeführt werden. Eine Person übernimmt dann die Rolle des Advocatus Diaboli und

- sucht bewusst Dissens
- bezieht die gegensätzliche Position
- hinterfragt Argumente kritisch
- sucht die Haare in der Suppe
- versetzt sich in andere Perspektiven hinein.

Mit ein wenig Übung kann die Methode auch allein durchgeführt werden.

Beispiel

Das Führungsteam einer sozialen Organisation hatte die Absicht, Mitarbeiter:innengespräche einzuführen. Über diesen Vorschlag herrschte quasi Einigkeit bei allen Führungskräften. In einem Workshop sollte ein Konzept zur Einführung der Mitarbeiter:innengespräche erarbeitet werden. Ein Teil des Führungsteams nahm zu Beginn des Workshops die Rolle des Teufels Advokat ein. Dadurch wurden dem Leitungsteam versteckte Fallstricke für die Realisierung – wie z. B. erheblich zu erwartende Widerstände bei der Belegschaft – deutlich. Die bewusste, tiefgehende Auseinandersetzung mit der Gegenseite führte dazu, dass der ursprüngliche Vorschlag »Mitarbeitergespräche einführen« auf Halde gelegt wurde. Stattdessen hat das Leitungsteam alternative Möglichkeiten für Gesprächsangebote mit den Mitarbeiter:innen entwickelt und implementiert.

Passt gut zu …

- 3.2.6, »Pre-Mortem«

Raum für eigene Gedanken/meine Notizen

3.2.8 Dynamische Risikobilanzen: Chancen und Gefahren in den Blick nehmen und prozessieren

Cornelia Strobel

Thema

Je komplexer, neuartiger das Thema, umso wichtiger wird eine achtsame Gestaltung und Steuerung des Prozesses. Denn Veränderungsvorhaben scheitern in der Regel am damit verbundenen Prozess – also dem »Wie« – und nur selten am Thema, an der Sache – dem »Was«. Eine gute Methode, um den Prozess im Fokus zu behalten, sind die dynamischen Risikobilanzen. Um Prozesse effizient und effektiv zu gestalten, ist das Abwägen der Chancen und Gefahren und der damit verbundene Mehrwert bzw. Schaden aus verschiedenen Perspektiven hilfreich.

Chancen- und Gefahrenpotenziale können sich über die »Laufzeit« des Prozesses massiv verändern. Auf diesem Grundverständnis basiert die Methode. Risikobilanzen sind keine einmalige Angelegenheit. Oder anders gesagt: Eine Risikobilanz allein macht noch keinen Sommer. Die Dynamisierung ist das, was diese Methode erfolgreich macht. Denn sie gibt Aufschluss darüber, bei welchen der Risiken es sich lohnt, diese bewusst in ihrer dynamischen Entwicklung im Blick zu behalten. Eben die mit dem höchsten zu erwartenden Mehrwert und die mit dem größten Schaden.

Zutaten

- Konzept, Vorhaben, Strategie liegen ausgearbeitet vor bzw. sind bekannt
- Pinnwand/Whiteboard, auf der die relevanten Risiko-Perspektiven visualisiert sind (s. Vorgehensweise/Zubereitung)
- Post-its und Stifte bzw. vorbereiteter Frame im Whiteboard

	Prozess-Risiken			
	Chancen	Mehrwert	Gefahren	Schaden
Person	1)		1) 2)	
Team	2) 3)		3)	
Organisation	4) 5) 6)		4) 5)	

Abb. 26: Dynamische Risikobilanzen

Vorgehensweise/Zubereitung

- Einführen in die Methodik der dynamischen Risikobilanz, soweit noch nicht bekannt (10 Min.)

Erarbeiten der Bilanzen in Gruppen mit 3–4 Personen:

1) Risiken des Prozesses / der Sache sammeln und strukturieren:
   - Chancen und den damit zu erwartenden Mehrwert formulieren

- Gefahren und den damit zu erwartenden Schaden formulieren
- Risiken, also Chancen und Gefahren, den Ebenen des sozialen Dreiecks (Person – Team – Organisation) zuordnen und nummerieren und wie in Abbildung 26 bzw. 29 dokumentieren
- Gefahren bezüglich ihrer Eintrittswahrscheinlichkeit und dem Ausmaß des Schadens bewerten; Einschätzung in Matrix dokumentieren

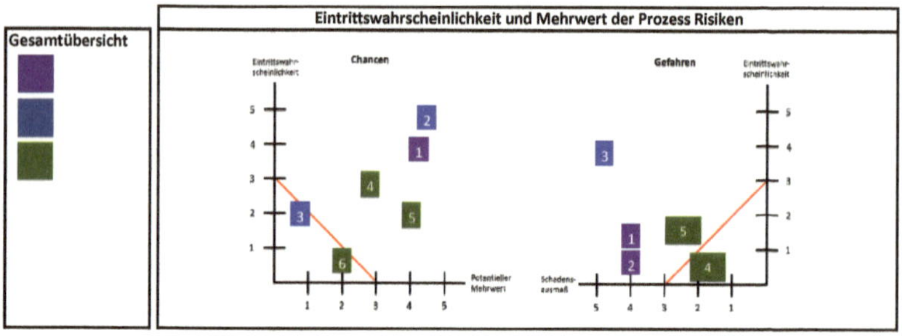

Abb. 27: Einschätzung von Prozessrisiken und Risiken in der Sache

2) Risiken des Prozesses / der Sache bewerten:
   - Chancen bezüglich ihrer Eintrittswahrscheinlichkeit und der Höhe des Mehrwertes bewerten; Einschätzung in Matrix dokumentieren
   - Alle Chancen und Gefahren, die oberhalb der roten Linie sind, gilt es bewusst in den Blick zu nehmen und mit Maßnahmen zu hinterlegen, um das Thema/die Entscheidung erfolgreich zu realisieren.
3) Bilanz ziehen:
   - Welche Schlussfolgerungen ziehen wir aus der gesammelten Risikoeinschätzung?
   - Was können wir tun, um die Chancen und den damit verbundenen Mehrwert zu heben?
   - Was können wir tun, um die Gefahren und den damit verbundenen Schaden zu reduzieren, aufmerksam im Blick zu halten?

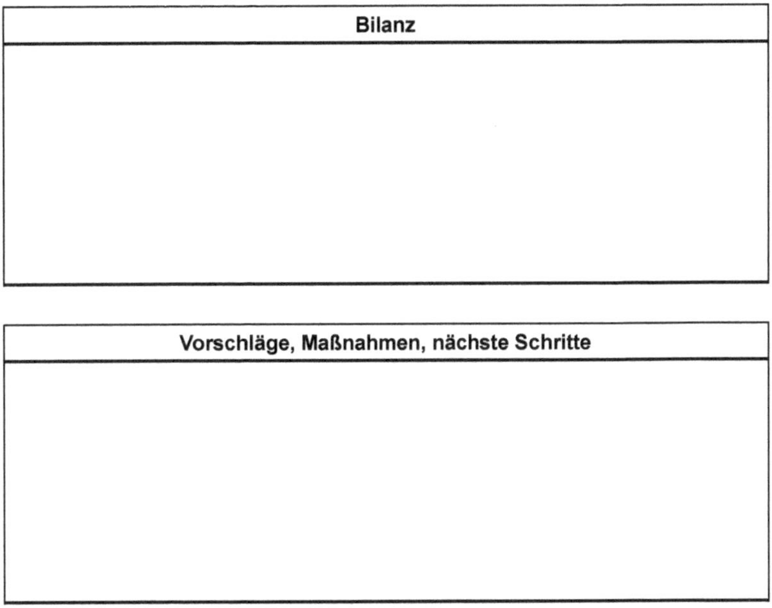

Abb. 28: Bilanz ziehen

Zusammenführen im Plenum: (30–60 Min., je nach Anzahl der Gruppen Faustregel [15 Min. pro Gruppe]) Festhalten der Ergebnisse auf vorbereiteter Pinnwand/Whiteboard

- Welche Gemeinsamkeiten und welche Unterschiede erkennen wir?
- Wie kritisch sind für uns die Ergebnisse? Wie risikoreich bzw. risikoarm schätzen wir die Ergebnisse ein?

4) gemeinsam Maßnahmen vereinbaren:
- Was tun wir konkret?
- Welche nächsten Schritte leiten wir ein?

Ergebnis

Die Risiken sind nach den jeweiligen Perspektiven strukturiert und bewertet. Mehrwert und zu erwartender Schaden sind hinsichtlich des Ausmaßes und der Eintrittswahrscheinlichkeit eingeschätzt. Daraus wird die Bilanz erstellt, es werden konkrete Maßnahmen abgeleitet und diese über den zeitlichen Verlauf evaluiert und ggf. nachjustiert.

Aufwand/Zeit/Schwierigkeitsgrad

- Vorbereitung der Zutaten: Skizzieren des Themas, Flipchart/ Whiteboard (15 Min., wenn alle Inhalte vorliegen)
- Zubereitung: ½–1 Tag Workshop
- Schwierigkeitsgrad: hoch, Moderation erforderlich

	Prozess Risiken			
	Chancen	**Mehrwert**	**Gefahren**	**Schaden**
Person	1) Mitgestaltung der Geschäftstätigkeit	Job Enrichment	1) Überforderung 2) Mangel an Kompetenz	Erschöpfung, Demotivation Demotivation
Team	2) Diverse Funktionen/ Blickwinkel 3) Zunehmender Spielraum	Robustes Produkt Höhere Geschwindigkeit	3) Mangelnde Durchsetzungsfähigkeit/ zu geringer Entscheidungs-rahmen	Scheitern, Imageverlust, Vertrauensentzug
Organisation	4) Aus Fachkräftemangel 5) Zunehmende Komplexität 6) Steigender Produktabsatz	Hebung Umsatzpotenzia Ergebnisverbesserung Kundenbindung	4) Spannungsfeld Verbände 5) Stolpern über eigene Füße aufgrund erhebl. Komplexität	Ineffektiver Ressourceneinsatz Verzögerung

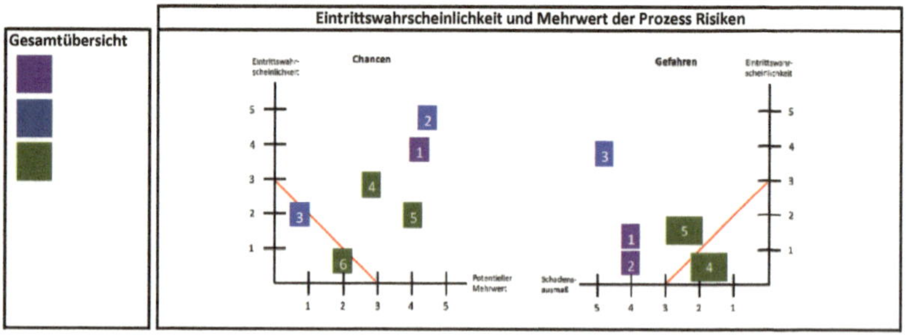

Abb. 29: Beispiel Ergebnis Risikobilanz

Tipps/Hinweise

Nutzen Sie in der Vorbereitung, in der Durchführung und in der Nachbereitung eine Person mit ausreichend Moderationskompetenz und Prozessverständnis. Eine professionelle Begleitung erleichtert Ihnen sowohl die Bearbeitung dieser relevanten und komplexen Themen als auch das Vorgehen mit dieser Methode.

Beispiel

Bewertung eines Konzepts, das Grundlage für weitere Planungen sein soll. Bewertet hat das Team, das für die Gestaltung & Begleitung der unternehmensweiten Einführung dieses Konzeptes verantwortlich zeichnet. Das Ergebnis ist in der Abbildung 29 dokumentiert.

Auf Basis dieser Risikobewertung wurden Maßnahmen definiert, die insbesondere die Gefahren bei 4 (Team) und 3, 4 (Person) zur Grundlage hatten. Auf der Chancenseite wurde ein Kommunikations- und Interaktionskonzept entwickelt und umgesetzt, die genau diese Chancen besonders im Fokus hatten. In regelmäßigen operativen Meetings des Teams wurden die Erfolge der abgeleiteten Maßnahmen evaluiert und nachjustiert. Das Konzept wurde in sehr kurzer Zeit eingeführt und trägt bis heute zur positiven Entwicklung des Unternehmensbereichs bei.

Variationen

Bei größeren Transformations-/Veränderungsvorhaben bietet sich diese Methode an jedem Grenzübergang an, um zu bewerten, ob wir »reif« für die nächste Phase sind. Dabei können neben den Prozessrisiken auch die Risiken in der Sache erfasst werden. Häufig ist es wirklich ausreichend, sich auf die Prozessrisiken zu beschränken. Sie entscheiden ja im Regelfall über Erfolg und Scheitern.

Passt gut zu …

Andere gängige Methoden der Risikobewertung wie 3.1.3, »SWOT-Analyse«, oder auch die bewährten Pro-/Contra-Listen sind im Prinzip integriert und weitergedacht. Diese Methoden reichen in weniger riskanten Situationen durchaus aus.

Raum für eigene Gedanken/meine Notizen

3.2.9 Konstruktive Kontroversen führen

Albert Vollmer, Stefan Groß

Thema

Am Anfang steht ein Dilemma. Zwei Positionen, die in einer Entscheidungssituation im Konflikt zueinanderstehen. Scheinbar unvereinbar. Zudem gibt es für beide Seiten jeweils gute Gründe und Befürworter:innen aus unterschiedlichen Lagern. Ungeschickt geführt oder sich selbst überlassen, haben solche grundlegenden Kontroversen das Potenzial, ganze Prozesse, Teams und Organisationen lahmzulegen. Statt die jeweiligen Vorzüge zu diskutieren, werden reihenweise Gründe vorgebracht, die ausschließlich gegen den Vorschlag der anderen Partei gerichtet sind.

Was also tun? Das methodische Vorgehen der Konstruktiven Kontroverse bietet für die Bearbeitung solcher Diskussionen in einer Gruppe einen klaren Rahmen (vgl. Johnson 2015). Dabei werden die beiden Sichtweisen und die zugrunde liegenden Argumente so miteinander in den Dialog gebracht, dass am Ende ein Ergebnis steht, das qualitativ hochwertig, sozial robust und anschlussfähig ist.

Zutaten

- ein Problem, das bearbeitet werden muss (z. B. »Wir müssen unsere Art der Führung aufgrund einer Krise irgendwie anpassen«)
- eine Fragestellung, auf deren Beantwortung die Kontroverse ausgerichtet ist (z. B. »Welche Art der Führung brauchen wir?«)
- zwei Handlungsalternativen, die sich kontrovers gegenüberstehen (z. B. »Klare hierarchische Führung« vs. »Führung durch eine Task-Force von Expert:innen«)
- betroffene Menschen und/oder Nichtbetroffene, die bereit sind, sich auf einen offenen Austausch einzulassen
- eine auftraggebende Person, die in der Verantwortung steht, dass eine Entscheidung getroffen wird
- eine Moderation, die das Vorgehen begleitet
- Flipchartpapier und Stifte, um die Argumente für die Handlungsalternativen schriftlich zu sammeln

- einen Ablaufplan, der das Vorgehen skizziert
- 60–90 Minuten Zeit, um die Kontroverse durchzuführen

Vorgehensweise/Zubereitung

Im Vorfeld: Problem, Fragestellung und Handlungsalternativen definieren

- Identifizieren Sie ein übergeordnetes Problem, das bereits kontrovers diskutiert wird oder das kontrovers zu diskutieren ist, und für das eine Lösung gefunden werden muss.
- Gehen Sie gemeinsam mit den Verantwortlichen folgende Schritte durch:
  - Definieren Sie das Problem, das mit der Kontroverse gelöst werden soll.
  - Formulieren Sie die Fragestellung, die beantwortet werden soll.
  - Benennen Sie die beiden Handlungsalternativen A und B, die kontrovers zueinanderstehen.
  - Bestimmen Sie mit den Verantwortlichen den Personenkreis.
  - Vereinbaren Sie die Modalitäten des Workshops (Zeitpunkt, Dauer, Informationen zur Durchführung, Ziele, Einbindung in übergeordnete Prozesse, Verwendung der Ergebnisse).

Zum Einstieg im Workshop: Hintergrund, Ziel und Vorgehen klären

- Sinn und Zweck sowie Hintergründe des Problems erläutern (durch die auftraggebende Person)
- Fragen zum Problem, zur Fragestellung und zu den Handlungsalternativen klären
- Regeln, Vorgehen, Ziel und Umgang mit dem Ergebnis erläutern (durch die Moderation)
- Commitment der Teilnehmenden einholen
- Plenum in zwei Gruppen 1 und 2 einteilen und den Handlungsalternativen A und B zufällig zuteilen
- Gruppen instruieren, Argumente für die ihnen zugeordnete Handlungsalternative zu sammeln

Phase 1: Argumente sammeln I

- Die Gruppen diskutieren und sammeln ausschließlich Pro-Argumente für die ihnen zugewiesene Handlungsalternative A bzw. B.
- Sie halten diese schriftlich fest und bereiten sie für die Präsentation im Plenum auf.

Phase 2: Ergebnispräsentation I

- Die Gruppen präsentieren in der ersten Runde ihre jeweiligen Ergebnisse nacheinander.
- In der zweiten Runde werden Verständnisfragen geklärt und die Argumente kritisch hinterfragt.
- Die präsentierende Gruppe geht auf die kritischen Fragen ein und begründet ggf. nochmals ihre Argumentationslogik.
- Die Moderation schärft schriftlich nach oder ergänzt.

Phase 3: Argumente sammeln II

- Die Gruppen wechseln die Perspektive, indem sie nun für die jeweils andere Handlungsalternative Pro-Argumente diskutieren und sammeln.
- Diese sollen auf den Argumenten, die von der anderen Gruppe genannt wurden, aufbauen und diese ergänzen.
- Sie halten diese schriftlich fest und bereiten sie für die Präsentation im Plenum auf.

Phase 4: Ergebnispräsentation II

- wie Ergebnispräsentation I, nur dass die Gruppen nun ihre weiteren Argumente für die Handlungsalternative präsentieren.

Phase 5: Integration

- Auflösung der Gruppen und wieder Formierung im Plenum
- übergeordnetes Problem und Fragestellung noch einmal ins Bewusstsein rufen
- alle Argumente im Raum nebeneinanderstellen und sichten
- Ergebnisse, Erkenntnisse, offene Fragen austauschen
- Ergebnisvarianten auf der Basis der beiden Handlungsalternativen und den dazu gehörigen Argumenten entwickeln (Ist es eine der beiden Handlungsalternativen, eine Mischform, oder etwas ganz Neues?)

- Präferenzen bei den Handlungsalternativen identifizieren; wenn möglich, sich für eine entscheiden
- Entwickeln eines Szenarios für die Kommunikation und Umsetzung der präferierten Lösung
- diskutieren, ob die gefundene Lösung ausreichend ist oder ob es weiterer Diskussion bedarf

Abschluss und Ausblick
- vereinbaren, wie es mit dem Ergebnis weitergeht
- gemeinsames Nachdenken und Austausch darüber, wie die Durchführung erlebt wurde und was man von der Lösung und dem Prozess hält
- ggf. auch zum eigenen inneren Entwicklungsprozess während des Workshops in den Austausch miteinander kommen: Wie war meine Sichtweise am Anfang? Wie ging es mir währenddessen? Was ist jetzt bei mir, nach der Kontroverse, anders? Was habe ich gelernt?

Ergebnis

Die Beteiligten haben es geschafft, über die schriftliche, sachorientierte Polarisierung der Debatte und dem praktizierten Perspektivwechsel zu einem Ergebnis zu kommen, das qualitativ hochwertig, sozial robust und anschlussfähig ist.

Aufwand/Zeit/Schwierigkeitsgrad

Wer das Vorgehen kennt, kann es spontan einsetzen. Einfach die Kontroverse und den Ablauf auf Flipchart malen und los geht's! Gleichzeitig eignet sich das Verfahren auch, um bereits länger existierende Grundsatzkonflikte zu bearbeiten. Dann ist mehr Aufwand nötig – vor allem auch bei der Auswahl der Teilnehmenden –, um möglichst das ganze System im Raum zu haben. Gleiches gilt für die Formulierung von Problem, Fragestellung und den kontroversen Handlungsalternativen (vgl. Vollmer et al. 2016).

Die klare Vorgehensweise führt in der Regel dazu, dass über den Prozess nicht diskutiert werden muss und der Fokus auf der inhaltlichen Auseinandersetzung liegt.

Herausforderungen für die Beteiligten

- Anwaltschaft einnehmen und dadurch in emotionale Distanz zu den Handlungsalternativen gehen
- sich auf eine ergebnisoffene Diskussion einlassen, auch wenn ich schon ganz sicher weiß, worin die Lösung besteht
- eine Grundsatzdiskussion – noch einmal – führen, obwohl viele der Argumente bereits unzählige Male ausgetauscht wurden
- sich auf eine Handlungsalternative einlassen, die man nicht befürwortet (»Ich muss nicht für etwas sein, um Argumente dafür zu finden«)
- fundiert argumentieren und auf die Argumente anderer eingehen
- sich auf »wirklich gute Gründe«, also Pro-Argumente, fokussieren und nicht in die Contra-Argumentation verfallen, um die andere Alternative schlecht zu machen
- Argumente hinterfragen, nicht Personen angreifen
- erkennen, wenn ich falsch liege und Andere eine gute Argumentation einbringen
- erkennen, wenn sich meine Meinung ändert, weil ich gerade etwas gelernt habe
- kein Rollenspiel spielen, sondern die Argumente aus meinen tatsächlichen Überlegungen heraus formulieren
- nicht nur leidenschaftlich reden, sondern die Argumente differenziert schriftlich festhalten

Tipps/Hinweise für die Moderation

- die beiden Handlungsalternativen in der Kontroverse möglichst neutral und ohne Präferenz formulieren
- in der Anmoderation betonen, dass es in diesem Verfahren um sachliche Argumente und nicht um persönliche Vorlieben geht
- Gruppen sowie deren Zuteilung zu den Handlungsalternativen nach dem Zufallsprinzip bilden
- die Gruppen räumlich getrennt voneinander arbeiten lassen; in Phase 3 ebenfalls die Plätze tauschen lassen, damit sich auch räumlich ein Perspektivenwechsel vollzieht
- die Sammlung der Argumente auf dem Flipchart der vorherigen Gruppe fortsetzen; weitere Argumente in anderer Stiftfarbe ergänzen

- *alle* plausiblen Argumente sammeln, auch wenn sie nicht der persönlichen Meinung entsprechen
- für die Handlungsalternativen, Satzanfänge vorgeben bspw. »Für diese Alternative spricht …«
- Heterogenität in der Gruppe hilft; auch Kritiker:innen sollten in die Kontroverse eingebunden werden
- ideal ist ein Plenum mit 10–15 Teilnehmenden, dies ergibt Gruppen à 5 bis 7 Personen; ab einer Gruppengröße von mehr als 7 Personen mehrere Kontroversen parallel durchführen
- Die Vergabe der Rolle Protokollant:in kann in der Gruppe helfen, wesentliche Argumente nicht verloren gehen zu lassen.

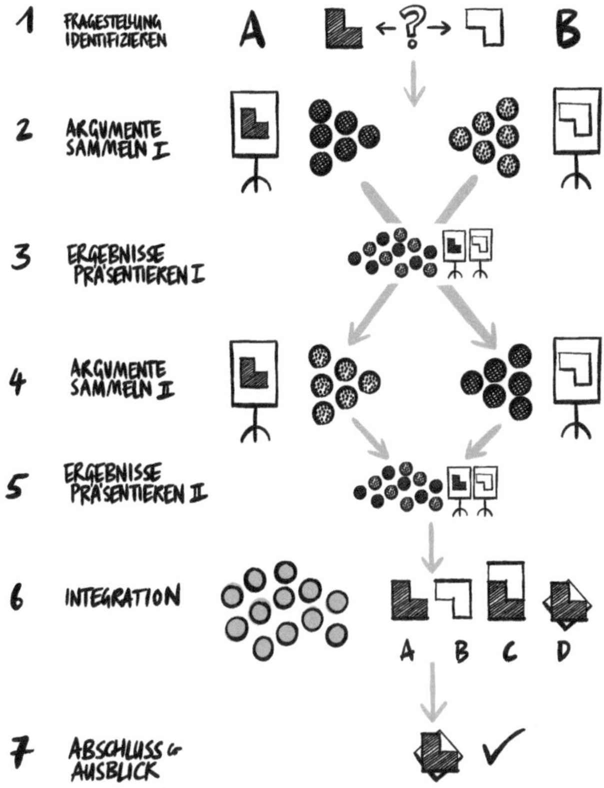

Abb. 30: Durchführung einer Konstruktiven Kontroverse

Beispiel

Im Rahmen der Einführung eines neuen Learning Management Systems (LMS) wurde deutlich, dass sich dieses Projekt zeitlich und inhaltlich verselbstständigt hatte. Eingangs hatte der leitende IT-Bereich die anderen Fachbereiche noch gut in das Projekt involviert, mit zunehmendem Projektverlauf aber mehr und mehr das Ruder selbst in die Hand genommen. Die Rückkoppelungsschleifen wurden weniger. Dies führte zu einigen Entscheidungen, die technologisch sinnvoll waren, aber für die Anwender:innen höchst unpraktische Folgen hatten. Es stand die Frage im Raum, ob solche Projektverantwortungen zukünftig doch besser im entsprechenden Fachbereich angesiedelt sein sollten.

Die durchgeführte konstruktive Kontroverse hatte zahlreiche Neuerungen im Projektmanagement zur Folge. Ein Projektteam mit Mitgliedern aus der IT und den Fachbereichen wurde gegründet, das in monatlichen Sitzungen relevante Entscheidungen trifft. Die Leitung blieb jedoch bei der IT. Der Projektfortschritt wurde für alle Fachbereiche sichtbar im Intranet dargestellt. Resonanzrunden mit zufällig ausgewählten Mitarbeitenden gaben Impulse zur weiteren Systemverbesserung. Zudem ergaben sich zahlreiche positive Nebeneffekte für die Zusammenarbeit an unterschiedlichen Schnittstellen in der Organisation.

Passt gut zu ...

- 3.2.4, »Lösungsoptionen/Entscheidungsalternativen konkretisieren und die Akzeptanz steigern«
- 3.2.8, »Dynamische Risikobilanzen«

Raum für eigene Gedanken/meine Notizen

3.3 Rezepte für den guten Beschluss

3.3.1 Widerstand oder Zustimmung abfragen – ein kleiner Unterschied mit erstaunlicher Wirkung

Susanne Delius

Thema

Ein Entscheidungsbedarf ist vorhanden. In einem Meeting werden die verschiedenen Lösungsideen vorgestellt. Ziel ist es, einen tragfähigen gemeinsamen Beschluss für einen Vorschlag zu fassen, an dem noch weitergearbeitet wird oder der direkt in die Tat umgesetzt wird. Der Beschluss soll pragmatisch und zügig erfolgen bei gleichzeitiger Partizipation von allen Beteiligten. Meistens wird eine Konsensentscheidung angestrebt oder zumindest eine, der die deutliche Mehrheit zustimmt. Die Diskussionen bis dahin können oftmals lange dauern. Minderheitsbedürfnisse werden zudem nicht berücksichtigt.

Alternativ bietet sich die Widerstandsabfrage an, eine Methode des systemischen Konsensierens. Hierbei wird die Höhe des Widerstands für die vorliegenden Optionen erfragt und zur schnellen, strukturierten Beschlussfindung genutzt. Der Vorschlag mit dem geringsten Widerstand hat die höchste Akzeptanz und wird beschlossen. Die Lösung mit dem geringsten Widerstand entspricht dem Gruppenkonsens oftmals mehr als die Lösung mit der größten Zustimmung. Die Akzeptanz der Lösung ist damit ebenso wie die Motivation zur Realisierung höher.

Zutaten

- Entscheidungsthema/Entscheidungsbedarf
- mehrere formulierte Entscheidungsoptionen
- Entscheider:innen-Team

Vorgehensweise/Zubereitung

- Die Widerstandsabfrage ermittelt im Team, wie hoch der Widerstand gegen mehrere Vorschläge ist.
- Damit der Widerstand erfragt werden kann, müssen die alternativen Lösungsvorschläge formuliert vorliegen. Die Passivlösung »wir entscheiden nichts Neues, sondern bleiben beim

alten IST-Zustand« wird als eine mögliche Lösung miteinbezogen. Die übrigen Vorschläge beschreiben alternative Möglichkeiten für einen neuen SOLL-Zustand.

- Je nach Einladung und Kontext kann es sein,
  - dass der Entscheidungsbedarf bereits vor dem Meeting mitgeteilt wird und die eingeladenen Teilnehmer:innen ihre Lösungsvorschläge bereits mitgeteilt haben oder direkt zum Meeting mitbringen. Wenn die Qualität der Vorschläge ausreicht, wird dann zur Widerstandsabfrage übergegangen.
  - dass das Thema erst im Meeting vorgestellt wird und die Vorschläge daraufhin im Meeting gesammelt werden. In diesem Fall ist darauf zu achten, dass der Entscheidungsbedarf/die Fragestellung konkret genug und von allen Anwesenden einheitlich verstanden ist. Wenn das nicht der Fall ist, sollte das Meeting vertagt werden und zunächst eine Arbeitsgruppe gebildet werden, die das zu entscheidende Thema tiefer durchdringt und neu formuliert.
- Es lohnt sich, die Qualität der Lösungsvorschläge zu prüfen (s.a. Oestereich u. Schröder 2019, S. 154–156).
  - Verständlichkeit: Ist der Lösungsvorschlag von allen Teilnehmer:innen verstanden?
  - Vollständigkeit und Machbarkeit: Sind die einschlägigen Voraussetzungen zur Umsetzung (Kosten, Rahmenbedingungen, Abhängigkeiten, Lieferungsbedingungen, etc.) bekannt?
  - Verantwortung: Wer übernimmt die Verantwortung für die Umsetzung, Durchsetzung und Folgen des Beschlusses?
  - Nutzen: Ist er inhaltlich und terminlich definiert?
- Alle beteiligten Personen schätzen ihren Widerstand zu der jeweiligen Alternative ein. Der Widerstandswert wird dokumentiert. Zur Widerstandseinschätzung wird eine mehrstufige Skala, bspw. von 0 (kein Widerstand) bis 10 (maximaler Widerstand), genutzt.
- Zur Erhebung der Widerstandswerte gibt es mehrere Varianten:
  - Zettel mit Wert einsammeln, der vom Moderator in eine Tabelle eingetragen wird.
  - Wert direkt in Tabelle notieren (auf Moderationswand, Flip Chart, Whiteboard)
  - digitale Abfrage über professionelles Whiteboard (Miro, Mural, o. Ä.)

Widerstandsabfrage Quantitativ					
Tragt bitte bei den jeweiligen Optionen euren Widerstandslevel von 0 (kein Widerstand) bis 8 (höchster Widerstand) ein					
	Teilnehmende	**Option A** Wir arbeiten ausschließlich von zu Hause aus. Home Office wird die neue Norm.	**Option B** Es gibt feste Arbeitszeiten, an denen alle MA da sind. Die restliche Zeit ist frei für Home Office.	**Option C** Home Office und Präsenzzeiten werden individuell und flexibel vereinbart.	**Option D** Es bleibt alles wie vorher. Präsenz-Arbeiten im Büro wird wieder die Norm.
1	Frau Müller	8	2	4	6
2	Frau Misar	9	3	5	8
3	Herr Nolle	5	3	4	8
4	Herr Peters	5	1	3	8
5	Herr Reinhard	3	1	4	7
6	Frau Schmidt	7	2	3	2
7	Frau Salz	6	4	3	5
8	Herr Pfeffer	4	1	5	6
9	Frau Klein	8	2	5	7
	SUMME	**55**	**19**	**36**	**57**

Abb. 31: Exemplarisches Ergebnis einer Widerstandsabfrage

- Die Summe der Widerstandswerte wird für jeden Vorschlag gebildet. Der Vorschlag mit der geringsten Widerstandssumme setzt sich durch.
- Abbildung 33 veranschaulicht das Ergebnis einer Widerstandsabfrage zum Thema »Homeoffice-Regelung«.

  Das Verfahren bietet sich zur Beschlussfindung kleinerer Alltagsentscheidungen an. Die Methode kann auch zur Priorisierung von Lösungen oder zur Auswahl eines Vorschlags dienen, mit dem im Anschluss weitergearbeitet wird, z. B., um die noch vorliegenden Einwände in den Vorschlag zu integrieren.

Ergebnis

- Die Lösungsoption mit dem größten gemeinsamen Nenner wird ausgewählt.
- Ein strukturierter und zielgerichteter Beschlussprozess führt effizient zum Ergebnis.
- Die gemeinsam gefundene Lösung erfährt eine höhere Akzeptanz.
- Relevante, hohe Widerstände können im Nachhinein diskutiert und in die ausgewählte Lösung integriert werden.

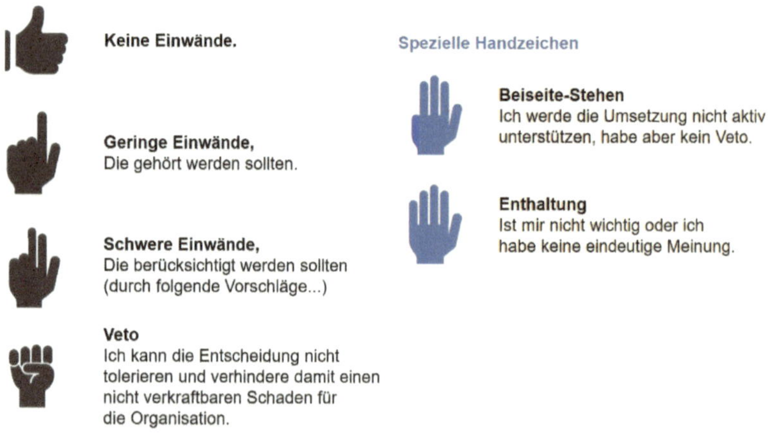

Abb. 32: Handzeichen Widerstand (Oestereich und Schröder, https://kollegiale-fuehrung.de)

Aufwand/Zeit/Schwierigkeitsgrad

- Schwierigkeitsgrad: einfach
- Zubereitung: 30 Minuten bis zu 2 Stunden – je nach Komplexität des Themas

Tipps/Hinweise

Auch mittels vorher festgelegter Handzeichen kann der Widerstand abgefragt werden und sichtbar gemacht werden, welche der vorhandenen Einwände nur gehört werden wollen und welche schwerer wiegenden Einwände noch in den Vorschlag integriert werden müssen.

Beispiel

In einem Arbeitskreis wurden verschiedene Lösungen zum Umgang mit gendersensibler Sprache erarbeitet. Das Meinungsbild und die Diskussion zum Thema waren sehr kontrovers. Mittels der Widerstandsabfrage wurde eine Lösung ausgewählt, die den geringsten Widerstand, also den größten gemeinsamen Nenner, bei allen Teilnehmer:innen zeigte. Mit diesem Vorschlag wurde im Anschluss weitergearbeitet.

Raum für eigene Gedanken/meine Notizen

3.3.2 KonsenT – Entscheidungen beschleunigen

Ingrid Kohlhofer

Thema

Der Konsens gilt als die nachhaltigste und demokratischste Form der Entscheidungsfindung. Alle diskutieren so lange, bis alle mit der Entscheidung einverstanden sind. Der Pferdefuß dabei ist, dass dies lange dauern, frustrierend und anstrengend sein kann und oft mit einem Minimalkompromiss endet, der dann doch wieder nicht lange hält.

Aus der agilen Welt kommt die KonsenT-Methode, die Entscheidungsfindung aus einer ganz anderen Perspektive sieht: Es geht nicht darum, dass alle zustimmen, sondern darum, dass keiner dagegen ist. Ein Beschluss wird also dann getroffen, wenn niemand mehr einen schwerwiegenden Einwand hat. Ein schwerwiegender Einwand ist gegeben, wenn jemand benennbare Risiken und Gefahren auf das gemeinsame Ziel oder für das Unternehmen nennen kann.

Die Denkumkehr bei dieser Methode ist radikal: Es gilt nicht, die beste aller möglichen Lösungen für alle Zeiten zu finden, sondern eine, die »good enough for now and safe enough to try« (»gut genug für den Moment und sicher genug für einen Versuch«) ist. Wenn es keinen Einwand gibt, wird der vorgeschlagene Lösungsansatz gleich gewählt, oder die Beteiligten versuchen auf diesem Ansatz aufbauend, gemeinsam die Einwände zu minimieren, so dass weniger oder gar keine übrigbleiben.

Zutaten

- gemeinsames Ziel
- Lösungsvorschlag
- heterogene Gruppe (bis max. 12 Personen) – Verantwortliche, Betroffene, Realisierer
- Raum mit genügend Platz für einen Stuhlkreis
- Moderator:in

Vorgehensweise/Zubereitung

1) *Vorbereitung:* Der Lösungsvorschlag wird so formuliert, dass das Ergebnis in maximal fünf kurzen Sätzen darstellbar ist
2) *Informationsrunde:* Der Entscheidungsvorschlag wird mit relevanten Zahlen, Daten, Fakten präsentiert. Verständnisfragen werden geklärt.
3) *Meinungsrunde(n):* In einer oder mehreren Runden teilen die Teilnehmer ihre Sichtweisen zum Vorschlag und eventuelle Alternativvorschläge.
   - *Runde 1:* die Teilnehmer teilen ihre jeweiligen Sichtweisen zum Vorschlag. Diese Resonanzen werden nicht diskutiert oder bewertet.

   - *Runde 2:* Nachdem alle die Sichtweisen der anderen gehört haben, können diese in Alternativvorschläge zum ursprünglichen Vorschlag einfließen.
4) *Vorschlagsrunde:* Ein gemeinsamer Vorschlag wird erarbeitet, indem der ursprüngliche Vorschlag auf Basis der Einwände ergänzt, eingeschränkt oder angepasst wird. Der Moderator greift die Beiträge auf, um daraus einen konsenTfähigen Vorschlag zu formulieren.
5) *Entscheidungsrunde:* Der Moderator fragt, ob »es einen zum Vorschlag schwerwiegenden Einwand in Hinblick auf das gemeinsame Ziel« gibt. Wenn niemand einen solchen Einwand hat, gilt der Vorschlag als entschieden. Für jeden Einwand klärt die Runde die folgenden Fragen:
   - Was genau ist der schwerwiegende Einwand? Welche Sichtweise und Argumente gibt es dazu?
   - Ist es wirklich ein schwerwiegender Einwand, d.h. könnte der Vorschlag zu einem für die Organisation nicht verkraftbaren Schaden führen?
   - Welchen Lösungsvorschlag hat der Einwand-Geber?
   - Die Gruppe versucht, den Einwand in die Lösung zu integrieren. Anschließend wird der neue Vorschlag zur Entscheidung gestellt.

Ergebnis

Entscheidungen, bei denen alle gleichberechtigt beteiligt sind. Konstruktive Gegenargumente und alternative Vorschläge stehen vor Mehrheitstendenzen.

Aufwand/Zeit/Schwierigkeitsgrad

- Dauer: 20–70 Minuten
- Schwierigkeitsgrad: anspruchsvoll

Tipps/Hinweise

Die KonsenT-Methode ist anspruchsvoll. Sie eignet sich besonders für Grundsatz- und Rahmenentscheidungen. Sie braucht eine stringente Moderation und Führung. Jeder soll frei ohne Unterbrechung reden können. Eine wichtige Aufgabe der Moderation ist es außerdem, darauf zu achten, dass alle Teilnehmer:innen in etwa gleiche Redeanteile haben. Sollten im Laufe der Gesprächsrunden Konflikte auftauchen, müssen diese außerhalb in Kleingruppen geklärt werden.

Die Anwendung erfordert eine Umkehr des üblichen Denkens im Hinblick aufs Entscheiden: Es geht nicht um die perfekte Lösung, sondern um den nächsten gangbaren Schritt auf Basis der aktuellen Zahlen, Daten, Fakten. Die Lösung kann auch zeitlich begrenzt werden mit der Vereinbarung auf Überprüfung der Tauglichkeit in einem definierten Zeitraum. Aus all diesen Gründen empfiehlt es sich, im Vorfeld ein einheitliches Verständnis zu schaffen. D. h. den Kern der Methode klären, Regeln erläutern und auf die Art und Weise der Moderation hinweisen.

Die Rolle der Ko-Moderation: auf Störungen achten und bei Formulierungen assistieren.

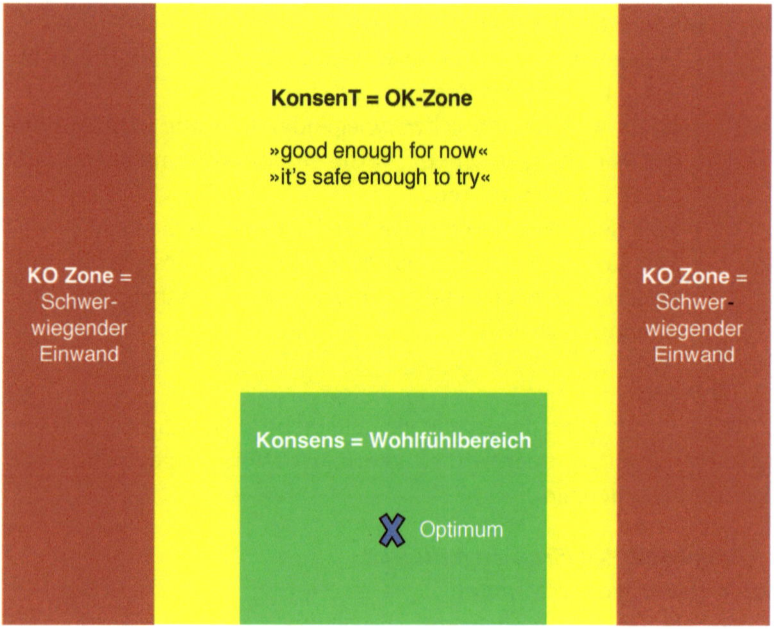

Abb. 33: Konsent-Konsens-KO Zone (Darstellung adaptiert in Anlehnung an Rüther 2019)

Beispiel

Die Herausforderung für Führungskräfte, auf der einen Seite ihr existierendes Geschäft auszubauen und auf der anderen Seite neues Geschäft aufzubauen, ist nicht neu. Die digitale Transformation und unsere volatile und komplexe Welt machen diese Aufgabe noch anspruchsvoller.

Wie managt man Stabilität und Effizienz und Unsicherheit und Innovation gleichzeitig? Ein One-size-fits-all-Ansatz ist nicht erfolgreich. Es braucht spezifische Antworten. Um seinen Führungskräften Raum zu geben, um diese spezifischen Antworten zu finden, entwickelten wir mit einem Kunden einen eintägigen Workshop. Führungsteams aus den unterschiedlichen Bereichen explorieren die praktische Relevanz des Themas für ihren Verantwortungsbereich. Als Ergebnis werden Stellhebel für die konkrete Umsetzung entschieden. Als Methode für diese Entscheidung wählten wir die KonsenT-Methode. Nicht zuletzt deshalb, um pragmatische, agile Teamentscheidungsmethoden anzuwenden und zu üben.

Passt gut zu ...

- 3.3.1, »Widerstand oder Zustimmung abfragen«

Raum für eigene Gedanken/meine Notizen

3.3.3 Wenn der Einzelne effektiver entscheidet als die Gruppe

Ingrid Kohlhofer

Thema

Gruppen- oder Einzelentscheidung – der entscheidende Faktor für die Wahl des geeigneten Verfahrens ist die Art des Problems: Wenn es um kontroverse und heikle Situationen geht, die besonderes Wissen oder tiefes Durchdringen erfordern, sind Entscheidungen durch Einzelpersonen in der Regel effizienter und schneller. Eine Person entscheidet allein und verbindlich. Um die Verbindlichkeit zu untermauern, muss sie vorher relevante Stakeholder konsultieren, um deren Fragen, Ideen und Einwände zu hören. Wichtig ist die Akzeptanz des Entscheiders. Deshalb ist ein konsultativer Einzelentscheid ein zweistufiger Prozess: Erst wird entschieden, wer entscheiden soll. Die Antwort kann sich automatisch aus der Rolle (z. B. Führungskraft) ergeben oder wem der Interessensausgleich am ehesten zugetraut wird.

Zutaten

- Entscheidungsbedarf/Entscheidungsthema
- relevante Personen in Funktion und Rolle, die das Mandat ziehen bzw. beauftragt werden (Pull-Prinzip)

Vorgehensweise/Zubereitung

1) Entscheidungsauftrag formulieren:
   - Wer ist betroffen?
   - Was soll entschieden werden?
   - Welche Rolle/Person sollte die Entscheidung treffen?
2) Entscheider:in auswählen und beauftragen
3) Entscheidungsprozess:
   - ggf. einarbeiten
   - Konsultationen
   - Ausarbeiten und Vergleichen von möglichen Lösungen
   - Auswahl
4) Kommunikation: Entscheidung und Prozess transparent machen

Ergebnis:

eine verbindliche Entscheidung

Aufwand/Zeit/Schwierigkeitsgrad

- Dauer: Stunden – Tage – Wochen, je nach Komplexitätsgrad
- Schwierigkeitsgrad: mittel bis anspruchsvoll

Tipps/Hinweise

Die Konsultationen sollten vor der Lösungsentwicklung stattfinden. Um Widerstände und Spannungen oder Schaden zu vermeiden, raten wir dazu, alle Personen, die zur Lösung beitragen können, zu konsultieren, auch und gerade wenn diese kontroverse Positionen einnehmen. Transparenz im Vorgehen ist aus unserer Erfahrung die Basis für Akzeptanz. Ggf. kann auch ein Entscheidungsteam gewählt werden.

Beispiel

Die Coronakrise traf eine Unternehmensberatung mit 15 Beratern im HR-Feld hart. Die meisten Kunden versuchten, die Krise erst einmal ohne externe Unterstützung zu meistern. Besonders bemerkbar machten sich die Einschränkungen der persönlichen Kontakte zu den Kund:innen. Zum Glück hatte die Beratung bereits vor der Krise mit der Virtualisierung ihrer Angebote begonnen. Auf dem sensiblen Feld von HR- und Change-Themen erschwerte die nicht selten fehlende Kund:innenakzeptanz für virtuelle Workshops etc. aber die Projektdurchführung. Die Mitarbeiter:innen sollten auf alle Fälle gehalten werden. Gute Berater:innen und Back-Office-Mitarbeiter:innen zu finden war in den vergangenen Jahren ein wachstumshemmender Faktor. Zudem wurde seit einigen Monaten an einem Strategiewechsel gearbeitet. Üblicherweise wurden Entscheidungen im Team der 15 Berater:innen getroffen. Die vorliegende Situation erwies sich als zu unübersichtlich und geprägt von individuellen Ängsten und Vorstellungen für mögliche Lösungen. Allen war klar, dass es ein stringentes Krisenmanagement braucht, um das Überleben sicherzustellen. Drei Personen aus dem 15-köpfigen Team formulierten gemeinsam Aufgaben und Verantwortung des Krisenmanagements (Entscheidungsauftrag). Eine Krisenmanagerin wurde gewählt und beauftragt. Sie konsultierte Berater:innen und Mitarbeiter:innen und entwickelte ein Vorgehen, das die Grundlage dafür schuf, Kosten zu reduzieren, gleichzeitig alle Mitarbeiter:innen zu halten und die Kunden:innen zufriedenzustellen.

Passt gut zu …

- 3.3.5, »Kollegiale Rollenwahl«
- 3.4.7, »Wer entscheidet was«

Raum für eigene Gedanken/meine Notizen

3.3.4 Einwände strukturieren und gewichten

Susanne Delius

Thema

Es ist so weit: Ein Lösungsvorschlag für ein bedeutsames, komplexes Thema/Problem ist ausgearbeitet. In einem nächsten Schritt soll das Konzept den verschiedenen betroffenen und beteiligten Personen, den Stakeholdern, vorgestellt und Einwände dazu gesammelt, bewertet und integriert werden. Ziel des Verfahrens ist es, die Qualität und die Akzeptanz für den Vorschlag zu erhöhen. Wenn ein Lösungsvorschlag weitreichende Veränderungen für viele verschiedene Menschen und Teams bewirkt, das Meinungsbild dazu entsprechend vielfältig ist und die Sorge groß ist, dass der Vorschlag auf erheblichen Widerstand stößt: Genau dann lohnt es sich, die Einwände der Beteiligten und Betroffenen vor dem Beschluss einzuholen, um diese so weit möglich in den Vorschlag zu integrieren.

Zutaten

- konkreter Lösungsvorschlag für ein komplexes Thema
- ausreichende Informationen zum Vorschlag (vor oder im Workshop)
- Entscheider:innen für das Thema
- Workshop mit repräsentativen Vertretern der Beteiligten und Betroffenen
- Moderation erforderlich

Vorgehensweise/Zubereitung

Die themenzentrierte Einwandintegration ist ein Verfahren, das von Bernd Oestereich und Claudia Schröder (2019) auf Basis des Modells der Themenzentrierten Interaktion von Ruth Cohn (1975) entwickelt wurde. Ein Vorschlag zur Lösung eines Problems wird ausgewählten Beteiligten und Betroffenen vorgestellt, um Einwände wie auch Impulse dazu differenziert zu erfassen. Die strukturierte Sammlung und Bewertung aller Einwände ist das Herzstück der themenzentrierten Einwandintegration und erfolgt in mehreren Phasen. Im Anschluss daran werden Einwände und Ideen in den Vorschlag integriert.

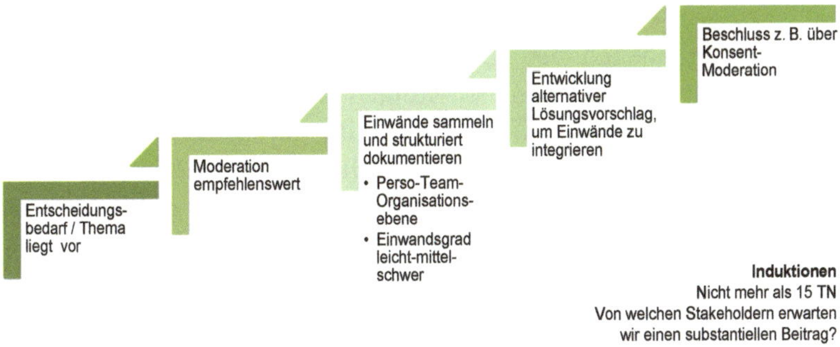

Abb. 34: Phasen der themenzentrierten Einwandintegration

1) Einladung der ausgewählten Stakeholder zu einem Einwand-Integrations-Workshop:
Es sollten nicht mehr als 15 Teilnehmer:innen eingeladen werden. Die relevanten Stakeholder (bzw. Repräsentanten derselben), von denen ein konstruktiver, relevanter Beitrag erwartet wird, sollten an dem Workshop teilnehmen. Eine professionelle Moderation des Workshops ist zu empfehlen.
2) Sammeln und Strukturieren der Einwände zum Lösungsvorschlag:
Das Thema und das ausgearbeitete Lösungskonzept werden zunächst vorgestellt. Anschließend tauschen sich alle über die Einwände und Ideen aus und bewerten diese strukturiert. Dazu empfiehlt es sich, die Gesamtgruppe in Kleingruppen aufzuteilen.
3) Verständnis des Lösungsvorschlags sicherstellen
4) Fragen, Einwände, Ideen zum Vorschlag sammeln und strukturieren:
   - Einzelarbeit: Jede Person notiert eigene Fragen, Ideen und Einwände. (3 Min.)
   - Anschließend tauschen sich alle in der Kleingruppe darüber im strukturierten Dialog aus: Jeder teilt seine Frage, seine Idee, seinen Einwand mit, ohne andere zu bewerten. Der Austausch funktioniert nach dem Rundenprinzip: Der jeweilige Sprecher oder die jeweilige Sprecherin gibt nach seinem Beitrag an die Nebenperson weiter. Wenn der/die nichts beizutragen hat, wird der »Ball« einfach weitergegeben.

- Die Beiträge werden dokumentiert (z. B. auf Post-its) und den Ebenen des sozialen Dreiecks (Person-Team-Organisation) und Kontext (Kunden/Gemeinwohl) zugeordnet (s. Abb. 35). Bei dieser Zuordnung gilt die Leitidee »Organisation vor Team und Team vor Individuum«. Alle Einwände, die einen Schaden für die Organisation oder das Team aufzeigen, sind relevanter als individuelle Einwände.
- Anschließend bewertet das Team, wie schwer der Einwand wiegt. Unterschieden wird zwischen leichten, mittleren Bedenken und schwerwiegenden Einwänden.
  – schwer = ein nicht verkraftbarer Schaden
  – mittel = befürchtete Spannung, Konflikt
  – leicht = noch zu klärende Frage/erweiternde Idee

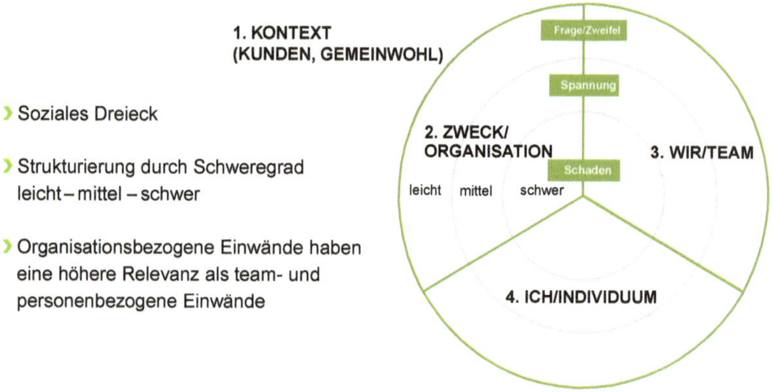

Abb. 35: Strukturierung und Bewertung von Einwänden (in Anlehnung an Oestereich u. Schröder, https://kollegiale-führung.de)

5) Einwände und Ideen in den Vorschlag integrieren:
Die Kleingruppen entwickeln Vorschläge, wie die Einwände aufgegriffen und der Schaden reduziert werden können. Hierbei wird der vorhergehenden Logik bei der Strukturierung der Einwände gefolgt:
   - Organisation vor Team vor Person
   - Schwerwiegende Einwände müssen bearbeitet werden: Was können wir tun, um den Einwand soweit zu reduzieren, dass wir mit dem Vorschlag in die Pilotierung gehen können, ohne dass für die Organisation/das Team/einzelne Personen ein großer Schaden entsteht?

- mittlere und leichtere Einwände können bearbeitet werden (müssen aber nicht): Was können wir tun, um die formulierten Einwände/Fragen einigermaßen aufzulösen?

6) Vorstellung der Gruppenergebnisse und Resonanzen dazu:
   - alle Kleingruppen stellen ihre Ergebnisse vor
   - Kommunikation über das weitere Vorgehen zur Integration der Einwände in den vorliegenden Vorschlag

Ergebnis

Einwände zu dem Lösungsvorschlag sind aus den unterschiedlichen Perspektiven der Beteiligten und Betroffenen gesammelt und strukturiert bewertet. Die Personen, die den Lösungsvorschlag erarbeitet haben, haben wertvolle Impulse zur Qualitätserhöhung des Vorschlages erhalten.

Aufwand/Zeit/Schwierigkeitsgrad

- Schwierigkeitsgrad: schwierig
- Zeit: 4–6 Stunden
- Aufwand: groß

Beispiel

Eine ausgewählte Arbeitsgruppe hatte einen Lösungsvorschlag zur Regelung von Homeoffice- und Präsenzarbeit in der Abteilung erarbeitet. Dieser Vorschlag wurde der gesamten Abteilung vorgestellt. Die Fragen, Ideen und Einwände aller Abteilungsmitglieder wurden mit dem Verfahren der kollegialen Einwandintegration gesammelt und bewertet sowie Vorschläge zur Verbesserung des ursprünglichen Lösungsvorschlags formuliert. Die Arbeitsgruppe erhielt somit ausreichend »Futter«, um den ursprünglichen Lösungsvorschlag zu erweitern. Die Akzeptanz der aktualisierten Entscheidungsvorlage war hoch, der Beschluss dafür fiel einstimmig aus und die Umsetzung erfolgte relativ problemlos.

Passt gut zu ...

- 3.3.2, »KonsenT Entscheidungen beschleunigen« und
- 3.3.1, »Widerstand oder Zustimmung abfragen«

Raum für eigene Gedanken/meine Notizen

3.3.5 Kollegiale Rollenwahl

Susanne Delius

Thema

Für eine neue Aufgabe, ein Projekt oder auch ein Thema wird eine Person benötigt, die sich darum kümmert, die sich den Hut der »Verantwortlichen« aufsetzt. Wie können die Suche und der Beschluss effizient und partizipativ erfolgen? Wie kann vermieden werden, dass immer nur dieselben in die Verantwortung kommen? Wie kann gefördert werden, dass sich alle Beteiligten mit der Eignung für die Rolle auseinandersetzen?

Die kollegiale Rollenwahl ist dafür ein einfaches Verfahren aus dem Werkzeugkasten der kollegialen Führung von Oestereich und Schröder (2019). Das Team wählt in einem strukturierten Prozess gemeinsam, wer die Rolle übernimmt. Die begründete, wertschätzende Eignungseinschätzung steht im Fokus der einzelnen Rollenvorschläge.

Zutaten

- neue Aufgabe, neues Projekt, neues Thema
- Team mit Personen, die die Verantwortung für eine zu vergebende Rolle übernehmen können
- Vertrauensbasis im Team, die ermöglicht, dass Vorschläge und Eignungsbegründungen ausgesprochen werden
- Moderation des Prozesses

Vorgehensweise/Zubereitung

- Die Rolle, die zu vergeben ist, wird beschrieben: Aufgabe, Anforderungen, Verantwortungsumfang und -grenzen, Entscheidungsbefugnisse und -grenzen
- Daraufhin gibt es zwei Wahldurchgänge, bei denen jedes Teammitglied unabhängig von Hierarchie und Rolle dasselbe Stimmrecht hat.
- erster Wahldurchgang:
  - Jede Person im Team wählt eine Person, die aus ihrer Sicht geeignet ist, die Rolle zu übernehmen und begründet ihre Einschätzung.
  - Jedes Teammitglied benennt seinen Wahlvorschlag mit der jeweiligen Begründung. Die Vorschläge werden nacheinander im Rundenverfahren ohne Diskussion ausgesprochen.
  - Die Moderation notiert, welche Person wie häufig vorgeschlagen wird.
- zweiter Wahldurchgang:
  - Jedes Teammitglied wählt erneut (nachdem es die Vorschläge aller anderen Teammitglieder gehört hat) eine Person aus. Meinungsänderungen sind erlaubt.
  - Die Abfrage und Dokumentation erfolgt wie im ersten Wahldurchgang.
- Die Person mit den meisten Stimmen wird gefragt, ob sie die Rollenwahl annimmt. Bei einer Ablehnung wird die Person gefragt, die die zweitmeisten Stimmen erhalten hat.

Ergebnis

- Rolleninhaber:in ist vom gesamten Team mit Mehrheitsbeschluss gewählt. Der Beschluss führt zu hoher Akzeptanz im Team.
- Strukturierte und zielgerichtete Wahl führt effizient zum Ergebnis.
- Eine Atmosphäre der Wertschätzung beflügelt das Team.

Aufwand/Zeit/Schwierigkeitsgrad

- Schwierigkeitsgrad: einfach
- Zubereitung: ca. 15–30 Minuten

Moderator*in bestimmen	
Entscheidungsauftrag festlegen	Worum geht es in der zu wählenden Rolle?
Erste Vorschlagsrunde	Jeder schreibt seine präferierte Kandidatin auf einen Zettel mit einer kurzen Begründung. (Selbstvorschläge erlaubt) Vorstellen der Begründungen und Zettel einsammeln. Namensnennung auf Flip schreiben und Anzahl Nennungen vermerken.
Zweite Vorschlagsrunde	Gleiches Vorgehen wie bei der ersten Vorschlagsrunde.
Abschluss	Mehrheitsentscheid durch Stimmen. Bei Gleichstand Wahl aus der Mitte.

Abb. 36: Ablauf soziokratische Rollenwahl (in Anlehnung an Oestereich u. Schröder 2019)

Tipps/Hinweise

- Zeit nicht zu knapp kalkulieren
- Aufmerksamkeit für Emotionen während der Wahldurchgänge: Es sollen keine Gefühle des Wettbewerbs oder des Verlierens entstehen.

Beispiel

Ein Team hatte beschlossen, die regelmäßigen Teammeetings künftig systematischer vorzubereiten, konsequenter zu moderieren und die Ergebnisse besser zu dokumentieren. Dafür wurden drei Rollen ins Leben gerufen. Die Rolle des Gastgebers/der Gastgeberin ist dafür zuständig, in das Meeting mit der Agenda und den jeweiligen vorbereitenden Materialien einzuladen. Die Rolle des Moderators/der Moderatorin führt durch das Meeting, achtet auf die Zeit und den Prozess. Die Rolle des Dokumentators/der Dokumentatorin protokolliert die Ergebnisse des Meetings und verteilt sie an alle Teammitglieder. Die Rollen wechseln halbjährlich. Zur Bestimmung der Rolleninhaber:innen wurde die kollegiale Rollenwahl eingeführt. Das Verfahren ging schnell und hat zu erlebter Wertschätzung im Team beigetragen.

Raum für eigene Gedanken/meine Notizen

___

___

___

___

3.3.6 Der Modus entscheidet, wie entschieden wird

?

Stefan Groß

Thema

Andere in Entscheidungsprozesse mit einzubeziehen kann zu tiefgreifenden Missverständnissen führen. Jenseits der Sachfragen macht es einen großen Unterschied, ob ich jemanden nach seiner persönlichen Einschätzung frage, mit ihm Argumente sammele, oder ob es darum geht, jetzt, heute, hier eine gemeinsame Entscheidung zu treffen, die dann auch von allen mitgetragen und mitverantwortet werden soll. Bleibt diesbezügliche Klarheit im Nebel oder stehen Erwartungen gegensätzlich zueinander, kann das schwerwiegende Folgen für den gemeinsamen Entscheidungsprozess haben. Umso wichtiger, für sich und mit anderen vor der Entscheidung zu klären, welcher Modus der passende und welche Form der Beteiligung für die Entscheider:innen oder die einzelne entscheidende Person hilfreich ist.

Zutaten

Die folgenden sechs Entscheidungsmodi stehen zur Auswahl:

- *Solo:* Einer entscheidet die Sache. Andere helfen beim Erkunden der Entscheidungsräume, diskutieren und wägen Pro/Kontra ab.
- *Kerngruppe:* Eine offene Diskussion mit allen, wobei am Ende aber nur ein bestimmter Teilnehmer:innenkreis Stimmrecht hat.

- *Konsent:* Wenn keine schwerwiegenden Einwände in der Runde bestehen, ist die Entscheidung getroffen.
- *Mehrheitsprinzip:* Eine Abstimmung zwischen konkreten Alternativen mit einfacher oder absoluter Mehrheit.
- *Konsens:* Es wird so lange diskutiert, bis alle einstimmig dafür sind.
- *für Dritte:* Die gemeinsame Arbeit endet mit der Erstellung einer Entscheidungsvorlage (mit/ohne Empfehlung). Die eigentliche Entscheidung wird von jemandem anderen zu einem späteren Zeitpunkt getroffen.

Vorgehensweise/Zubereitung

Bevor Sie loslegen, erstellen Sie eine möglichst differenzierte Liste mit jenen Themen, die es zu entscheiden gilt. Der angemessene Modus kann, je nach Thema, unterschiedlich gelagert sein.

1) Klären Sie zuerst, was entschieden werden muss:
   - Zerlegen Sie größere Entscheidungen in konkrete Einzelaspekte. Was gibt es alles heute zu entscheiden?
   - Sammeln Sie diese Entscheidungsfragen auf Moderationskarten.
   - Bringen Sie die Elemente in eine sinnvolle Reihenfolge: Starten Sie bspw. zunächst mit den Grundsatzentscheidungen über das Ziel, klären Sie dann alle Umsetzungsfragen hinsichtlich des passenden Weges, bevor es zu den »Wer-übernimmt-welche-Aufgabe«-Entscheidungen kommt.
   - Ordnen Sie jeder Entscheidungsfrage (gedanklich) einen passenden Modus zu.
2) den passenden Modus finden:
   Auch wenn alles mit allen diskutiert werden kann, muss nicht alles mit allen entschieden werden. Die aufgeführten Pro-Argumente geben sachdienliche Hinweise, wann welcher Modus der passende ist.
   - *pro Solo:* Einzelne tragen die Verantwortung, stehen bei der Umsetzung größtenteils in der Pflicht oder haben eine absolute Expertise, weil sie am tiefsten im Thema stecken. Entsprechend sollten diese Personen auch das letzte (oder erste) Wort haben.
   - *pro Kerngruppe:* Die Verantwortung liegt auf mehreren Schultern verteilt. Die Mitglieder der Kerngruppe müssen sich

gemeinsam auf ein Ziel oder Vorgehen grundsätzlich einigen. Andere Meinungen sind hilfreich, aber nicht maßgeblich.

- *pro Konsent:* Alle sollen die Entscheidung mittragen, sind aber bspw. nicht gleichermaßen betroffen. Gerade, wenn schnell entschieden werden muss und einzelne Optionen/Einwände auf der Hand liegen, ist Konsent der passende Modus.
- *pro Mehrheitsprinzip:* Themen müssen/können schnell entschieden, aber nicht final ausdiskutiert werden, weil bspw. nur wenig Zeit ist. Häufig auch anwendbar, wenn die Folgen der Entscheidung nicht gravierend erscheinen.
- *pro Konsens:* Die höchste Form des Kompromisses, der alle Sichtweisen integriert und dazu führt, dass die Entscheidung auch im Nachgang nach Außen mitgetragen wird.
- *pro Dritte:* Liegt der Verantwortungsbereich für eine Entscheidung auf einer anderen Ebene bzw. bei einer anderen Person, ist es ausreichend, wenn die Gruppe mit ihrer Expertise die relevanten Argumente sammelt, ohne selbst eine Entscheidung treffen zu müssen. Das Wissen darum kürzt manche Entscheidungsdiskussion deutlich ab.

3) Beteiligung im Rahmen ermöglichen:
Ist über den Modus entschieden, kann der Prozess entsprechend organisiert werden. Häufig macht es Sinn, den Hintergrund dieser Festlegung zum Einstieg noch einmal kurz zu erläutern und die Erwartung an die Gruppe zu präzisieren.

- *pro Solo:* Die entscheidende Person erklärt der Gruppe den aktuellen Stand seiner Überlegungen und was sie von ihr braucht. Sie (und nicht die Gruppe) entscheidet auch, wann ausreichend diskutiert wurde!
- *pro Kerngruppe:* Die Kerngruppe definiert die Aspekte und Dimensionen, über die in großer Runde diskutiert werden soll. Im Nachgang zur offenen oder moderierten Diskussion im Plenum zieht sich die Kerngruppe zur Entscheidungsfindung zurück. Möglicherweise genügt eine Kaffeepause.
- *pro Konsent:* Zentrale Widersprüche gegen einen Vorschlag werden der Reihe nach gesammelt und systematisch bearbeitet, bis keine grundsätzlichen Einwände mehr bestehen.
- *pro Mehrheitsprinzip:* Über eine Abstimmung, bspw. mit Moderationspunkten, per Handzeichen oder durch Positio-

nierung im Raum wird eine transparente Entscheidung zwischen den Optionen getroffen.
- *pro Konsens:* Grundsätzliche Optionen werden herausgearbeitet, Positionierungen und Allianzen regelmäßig sichtbar gemacht. Schrittweise geht es darum, Übereinkünfte zu (noch) strittigen Punkten herbeizuführen, bis alle der Entscheidung vollumfänglich zustimmen.
- *für Dritte:* Der Auftrag ist die (schriftliche) Aufbereitung der relevanten Argumente, die für unterschiedliche Optionen sprechen. Ggfs. kann die Präferenz für eine der Optionen mitgeliefert werden. Leitfragen und Kriterien vonseiten der auftraggebenden Person helfen, in die richtige Richtung zu denken.

Weitere Hinweise zur Beteiligung von Gruppen

- Klären Sie den Modus der Entscheidung im Vorfeld mit den relevanten Beteiligten und verhindern Sie eine Diskussion in der gesamten Gruppe. Hier sollte das »Was« und nicht das »Wie« im Mittelpunkt der Diskussion stehen.
- *Für* jemanden mitzudenken, statt selbst mitzuentscheiden macht einen wesentlichen Unterschied aus! Lassen Sie die Entscheidungskompetenz (auch über den Modus) bei dem/den Verantwortlichen.
- Herrscht Uneinigkeit zu einem Punkt, kann dies mit einem Blitz im Protokoll markiert werden. Auflösung erfolgt bei Bedarf später.
- Wo klar ist, wer entscheidet, kann der Prozess in permanenten Schleifen von Anfang bis Ende mit dieser Person rückgekoppelt werden.
- Unterschiedliche Perspektiven helfen! Sorgen Sie dafür, dass möglichst viele Sichtweisen im Entscheidungsraum gehört oder sichtbar gemacht werden.
- Machen Sie mögliche Präferenzen (v. a. der entscheidenden Person) transparent und präzisieren Sie die offenen Punkte, die es noch zu entscheiden gibt.

Cross-Check

- Wo machen Gruppenentscheide wirklich Sinn?
- Wer hat bei welchem Thema welche Expertise? Wie kann Expertenwissen in den Entscheidungsprozess eingeflochten wer-

den, ohne dass die Wissensträger zwingend anwesend sein müssen?

- Welche Kriterien sollten bei der Entscheidungsfindung berücksichtigt werden?
- Wann ist der Zeitpunkt gekommen, den Modus zu ändern?
- Wie halten Sie die Entscheider im Prozess, um regelmäßig nachjustieren zu können?
- Wo sollte *jemand* entscheiden und auch die Entscheidungskommunikation übernehmen, weil es für Außenstehende einen Verantwortlichen braucht?
- Wenn andere am Ende entscheiden: Wie klar ist der Auftrag für uns? Gibt es Besonderheiten, die wir beachten sollen?

Ergebnis

Ein frühzeitig geklärter Entscheidungsmodus ermöglicht zahlreiche Abkürzungen im Prozess. Außerdem wird durch eine saubere Klärung manchen Auftraggeber:innen überhaupt erst bewusst, was eigentlich von wem in welcher Form zu entscheiden ist.

Aufwand/Zeit/Schwierigkeitsgrad

Wer die Unterschiede zwischen den sechs Modi verstanden hat, wird sie schnell und intuitiv in Entscheidungsprozessen oder bei der Auftragsklärung zur Anwendung bringen. Oftmals genügt eine strategische Kaffeepause, um gemeinsam mit den Verantwortlichen, jenseits der Bühne, die Feinjustierung für den nächsten Schritt vornehmen zu können.

Tipps/Hinweise

- Gerade beim Solo oder bei Entscheidungen durch Kerngruppe/Dritte wird ausdauernd »am falschen Ort« diskutiert. Verweisen Sie auf den Modus, um zu klären, was es heute und hier dazu noch braucht.
- Diskutieren Sie keinen Konsens. Was entschieden ist, schriftlich festhalten und weiter geht's!
- Präzisieren Sie in Kontroversen den Dissens: Worin genau besteht der Widerspruch? Wo unterscheiden sich die Einschätzungen? Wo kommt Widerstand her? Was bräuchte es, um näher zusammenzukommen?

- Schaffen Sie zwischendurch immer wieder Transparenz zu Tendenzen, Präferenzen und Stimmungen (bspw. durch ein Blitzlicht oder mit Moderationspunkten), die den Entscheider:innen ein Resonanzforum bieten.
- Nutzen Sie Leitfragen und Strukturen als Diskussionshilfe, um die relevanten Aspekte eines Themas zu klären.
- Nutzen Sie Pausen und Unterbrechungen im Entscheidungsprozess, um nachzujustieren.

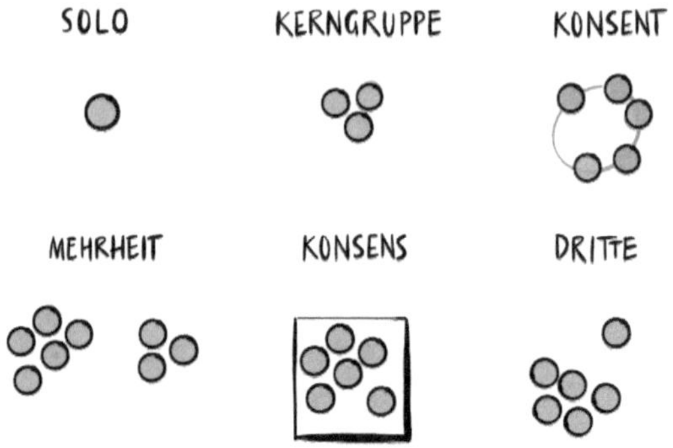

Abb. 37: Varianten zum Entscheidungsmodus im Überblick

Beispiel

Im Auftaktmeeting zu einem neuen Projekt wurde viel Diskussionszeit im Plenum darauf verwendet, in welcher Form zusammengearbeitet werden soll. Agile, klassische, hybride und avantgardistische Vorschläge standen unverbunden nebeneinander im Raum; jeder versuchte, »seinen Favoriten« ins Rennen zu schicken und argumentativ zu stützen. Alle argumentierten leidenschaftlich. Alle bis auf den designierten Projektleiter, der zudem seine ganz eigene Vorstellung zum Vorgehen längst im Kopf hatte. Man ging ergebnislos auseinander. Nachdem im Folgemeeting der Projektleiter plötzlich seinen Vorschlag als Lösung präsentierte (»Wir haben ja beim letzten Mal gesehen, dass Diskussionen zu nichts führen, also machen wir das jetzt so, wie ich sage«), ohne auf die vorherigen Diskussionen wirklich einzugehen, waren der Frust und Widerstand bei allen groß.

Unsere Hypothese: Wäre zunächst die Frage der Projektleitung entschieden und kommuniziert worden und hätte jener dann seine Variante im Auftaktmeeting als ersten konkreten Vorschlag vorgestellt und diesen auf Basis von strukturiertem Feedback im zweiten Schritt modifiziert, so hätte mancher gute Aspekt aus dem Erfahrungsschatz der Teilnehmenden nutzenstiftend integriert und die Akzeptanz bei den Beteiligten geschaffen werden können.

Passt gut zu ...

- 3.1.2, »Aufträge klar formulieren«

Raum für eigene Gedanken/meine Notizen

3.4 Realisierung: Rezepte zum Umsetzen der Entscheidung

3.4.1 Teams den Spiegel vorhalten. Interaktionsmuster verstehen, bewerten und verändern. Das 4-Player-Model von David Kantor

Ulrike Sutrich

Thema

Bei allen Entscheidungsprozessen spielen Interaktionen/Gruppendynamik eine wesentliche Rolle.

Das 4-Player-Model (vgl. David Kantor 2012) ist ein sehr praktisches Werkzeug, um Dynamiken und Muster zu erkennen, nach denen Menschen in Gruppen miteinander agieren. Das Modell kann beim Thema Entscheiden sowohl auf der Personen- als auch auf der Teamebene in Verbindung mit den anderen Instrumenten sehr pragmatisch Orientierung geben, wenn es in Gruppen/Teams ineffektiv, konfliktär oder einfach unrund läuft.

Zutaten

- Kenntnisse des 4-Player-Models
- ganz allgemein lernende Gruppen/Teams, die sich Klarheit über die Rollenverteilung und mögliche Rollenwechsel verschaffen möchten, um Probleme besser lösen und um Entscheidungen effektiver und schneller treffen zu können
- im Besonderen selbstorganisierte, agile Teams mit weitreichenden Entscheidungskompetenzen, die strukturiert und selbstverantwortlich die eigene Arbeit erledigen

Vorgehensweise/Zubereitung

Das Team reflektiert die eigenen Kommunikationsmuster mit dem Modell der 4 Akteur:innen in einem Workshop. Durch die Konzentration auf die Kommunikationsmuster statt auf den Inhalt werden Wechselbeziehungen (konfliktär, diffus) in Teams sichtbar gemacht. In der konkreten Arbeit fokussiert sich der Blick auf die Beziehungsebene, auf das »Wie« der Kommunikation und lässt die Verteilung der vier Kantor-Rollen erkennen: Wer hört wem zu? Wer reagiert auf wen oder nicht? Wer und was findet Beachtung oder nicht? Welche Vorschläge werden aufgegriffen, welche nicht? Wie sind die Redeanteile verteilt?

1) *Einführung:* Erläuterung des Konzepts
   Kantor geht davon aus, dass es in allen Interaktionen zwischen Individuen lediglich vier mögliche Kommunikationsrollen gibt: *Mover, Opposer, Follower* und *Bystander* (Beweger:in, Ablehnende:r, Folgende:r, Zuschauer:in).

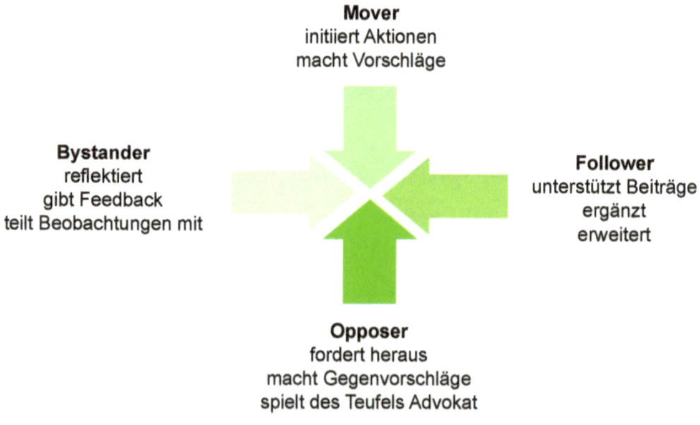

Abb. 38: Die vier Akteure im Interaktionsmodell nach David Kantor (in Sutrich u. Opp 2016)

Auch wenn im Alltag jedes Teammitglied eine bevorzugte Rolle einnimmt, kann mit einiger Übung jedes Teammitglied alle vier Rollen jederzeit übernehmen. Keine der Rollen ist im Entscheidungsprozess besser oder schlechter. Sie sind alle vier notwendig, damit die Kommunikation gelingt:

- Ohne *Mover* gibt es keine Ausrichtung.
- Ohne *Opposer* erfolgt keine Korrektur.
- Ohne *Follower* entsteht keine Vervollständigung.
- Ohne *Bystander* gibt es keine Perspektive.

Erfolgreiche Kommunikation findet statt, wenn im Team

- alle vier Rollen offen und ausgeglichen zur Verfügung stehen
- jeweils Flexibilität zum Einnehmen von mindestens zwei Rollen besteht
- eingefahrene, ritualisierte Rollenmuster aufgebrochen werden können und
- immer der Input von *Bystandern* genutzt werden kann, um sich nicht festzufahren.

Erfolglose Kommunikation tritt ein, wenn

- Personen sich in ihren Vorzugsrollen verfangen
- *Opposer* abgestraft werden oder dominieren
- niemals ein starker *Mover* auftritt
- sich kein *Follower* irgendwann einem Vorschlag anschließt
- unproduktive Muster die Vorherrschaft halten und/oder
- *Bystander* ausgeschaltet sind.

2) *Einzelarbeit:* Selbsteinschätzung
   - Welche Rolle liegt mir am meisten, welche am wenigsten?
   - Welche Rolle(n) nutze ich in diesem Team am häufigsten und wie werde ich damit wirksam?
3) Plenum: Austausch zu der Rollenverteilung im Team
   - Aufstellung der vorrangig genutzten Rollen im Raum; Teilnehmer:innen teilen die Erkenntnisse ihrer Selbsteinschätzung mit; daraus ergibt sich ein erstes Bild der Rollenverteilung; dieses Bild am Flip dokumentieren.
   - mit den Teilnehmer:innen ins Gespräch kommen, was das über ihre Teamdynamik aussagt; mögliche Beispielsituationen suchen und erkunden

4) *Gruppenübung:* die Interaktionen im Team erleben (je nach Gruppengröße eine oder zwei Gruppen bilden):
   - Schreiben Sie eine zwingende Frage auf, mit der die Teamdiskussion beginnen soll, z. B.: »Wie sollen demnächst in unserem Team Entscheidungen getroffen werden?«
   - Ernennen Sie eine Person in jedem Team zum »Beobachter«, der die Spielzüge notiert, die das Team macht (4 Rollen). Wenn Sie können, wählen Sie einen starken *Mover* für diese Beobachterrolle.
   - Lassen Sie die Teams 10 Minuten über die Frage austauschen und besprechen Sie dann, wie der Prozess verlaufen ist.
   - Fragen Sie den Beobachter, welche Teamdynamik zu beobachten war? Wie waren die Rollen verteilt?
5) *Abschlussreflexion im Plenum:* Das Team kreiert ein neues Bild.
   Austausch zu den folgenden Impulsfragen:
   - Wie könnte sich unsere Teamdynamik künftig ändern. Was ist zu viel, zu wenig?
   - Wie sollten die 4 Rollen besser verteilt werden und wer käme dafür in Frage?

	Teilnehmer:in	**MOVER**	**OPPOSER**	**FOLLOWER**	**BYSTANDER**
1	A	X	X		
2	B				
3	C		X	X	
4	D	X	X		
5	E			X	X
Beobachtung: Die MOVER Rolle wurde von 2 TN besetzt, die dann wechselseitig auch die OPPOSER Rolle einsetzten. Es gab dadurch einige interessante Vorschläge, aber auch hin und wieder eine Rangelei um die Deutungshoheit. Gleichzeitig gab es auch immer wieder Angebote, die Themen gründlicher zu explorieren (FOLLOWER). Dabei hatten TN dann aber zeitlich etwas ausufernde Beiträge, die manchmal vom Thema wegführten. Interessanterweise wurde die Rolle des BYSTANDERS nicht wirklich wahrgenommen. Ein eher ruhiger TN machte zwar diesbezüglich Angebote, die aber von der Gruppe ignoriert wurden.					

   - Dokumentation der Diskussionsergebnisse in die o. a. Tabelle

Ergebnis

Die Teilnehmer:innen erhalten eine neue Perspektive und Bewusstheit, wie ihre Kommunikationsdynamik im Team läuft. In welcher Weise sind die Beteiligten beteiligt? Was dabei ist zielführend für die Entwicklung des Teams, was sind eher destruktive Muster, die Stagnation und Konflikte erzeugen. Diese Erkenntnisse kann das Team in der Praxis und für die weitere Optimierung der Kommunikation nutzen.

Aufwand/Zeit/Schwierigkeitsgrad

Einführung 10 Minuten, Praxisarbeit 30 Minuten, Reflexion 10 Minuten

Tipps/Hinweise

Eines der wichtigsten Erfolgskriterien für gelungene Kommunikation in Entscheidungssituationen betrifft die Wahrnehmung der *Opposer* und das Verständnis für die Quellen dieser Art von Widerstand, egal ob es um eine Einzel- oder Teamentscheidung geht. Widerstand ist ein so wertvoller Hinweis auf besonders wichtige Informationen, dass sie ihn sehr gut verstehen sollten, bevor sie weitermachen.

Beispiel

Diese Teamarbeit war Teil einer zweimonatlich stattfindenden Workshopreihe. In einem mittelständischen Unternehmen sollten einzelne Teams mehr Verantwortung übernehmen und selbständiger arbeiten und entscheiden. In einem dieser Workshops wurde gemeinsam darüber verhandelt, wie im Team Entscheidungen getroffen werden sollten, um gute Ergebnisse für das Unternehmen treffen zu können. Man wollte sich darüber verständigen, was dafür der erste Schritt sein kann und wie man gemeinsam in die Verantwortung hineinwachsen will.

Dafür wurde in einem ersten Schritt das KAIROS.Profile eingesetzt, ein Instrument zur Selbstreflexion des persönlichen Entscheidungsverhaltens und nachfolgend mit dem Kantor Modell exploriert, wie dabei im Team die Kommunikation/Interaktionen funktionieren und verbessert werden kann.

Raum für eigene Gedanken/meine Notizen

3.4.2 Stakeholder-Management

Volker Steinhoff

Thema

Entscheidungen werden in der Regel nur von wenigen Personen getroffen. Bei der Umsetzung der Entscheidung sind aber auch diejenigen gefordert, aktiv den weiteren Weg mitzugestalten, die nicht am Entscheidungsprozess beteiligt waren. Vorbehalte, aber auch Begeisterung über die getroffenen Entscheidungen sind somit nicht bekannt. Durch ein strukturiertes Stakeholder-Management bekommen Sie einen Überblick über die Interessen der Stakeholder:innen und wie diese durch die Entscheidungen berücksichtigt werden. Darüber hinaus erfahren Sie durch den Prozess, welche Bedeutung die Interessen im Gesamtkontext haben.

Zutaten

- Wer gehört zu den Stakeholder? Welche Personen, Unternehmen sind von den Entscheidungen betroffen?
- Transparenz darüber, wer die Entscheidungen getroffen hat und wer nicht beteiligt war
- konkrete Aufstellung der Positionen, die entschieden sind
- Sinn der Entscheidungen und was mit den Entscheidungen erreicht werden soll
- Zeitplan für die Umsetzung der Entscheidungen
- offener Austausch, Ehrlichkeit

- Bereitschaft, lernen zu wollen
- Decisio-Map-Leitfragen zur Realisierung (s. Kochzutaten, Kap. 2.3)

Vorgehensweise/Zubereitung

- *Vorbereitung:*
  - Wer sind die Stakeholder? Identifizieren Sie Ihre Stakeholder. Schauen Sie auch auf die Personen, die erst beim zweiten oder dritten Blick auffallen. Deshalb auch mal einen Blick in Social Media werfen: Wer äußert sich wie?
  - Was ist aus Sicht der Stakeholder wichtig? Tipp: Schauen Sie aus unterschiedlichen Perspektiven auf alle Stakeholder. Beispiele für Perspektiven sind: Qualitätskriterium, Kostenkriterium, zeitliches Kriterium (kurz-, mittelfristig), kulturelles Kriterium, persönliche Betroffenheit. Lassen Sie dabei Ihre Gedanken spielen.
  - Was war die Ausgangssituation der Entscheidungen?
  - Stellen Sie die oben genannten Punkte – was entschieden worden ist, was erreicht werden soll und den Zeitplan der Umsetzung – konkret vor.
- *Zubereitung:*
  - Interessen der Stakeholder kennenlernen: Wer hat welche Interessen und wie werden sie begründet? Halten Sie diese Interessen konkret fest und clustern Sie die Interessen nach den Schwerpunkten.
  - Auf die Wirkungen der Entscheidungen eingehen
    Relevante Fragestellungen:
    a) Was lösen die Entscheidungen bei mir als Stakeholder aus?
    b) Welche Vorteile erhalte ich als Stakeholder aus diesen Entscheidungen? (Welche Interessen werden abgedeckt?)
    c) Welche Nachteile resultieren für mich aus diesen Entscheidungen? (Welche Interessen werden nicht abgedeckt?)
  - Differenzbetrachtung zwischen Interessen und Wirkung der Entscheidung (s. Abb. 39)
  - Ableitung von Maßnahmen mit der Decisio-Map – Phase Realisierung (s. a. die Decisio-Map-Leitfragen dazu)
    Für die nun folgende vertiefende Diskussion sind folgende Fragen zu stellen:

a) Was verändert sich für diejenigen, die diese Entscheidungen durchsetzen müssen?
b) Woran wird die Wirkung der Entscheidung festgestellt?

– Abschlussfrage: Was bedeutet diese Entscheidung für meine Beziehung zu den Entscheidungsträgern?

Ergebnis

- Die Interessen der Stakeholder sind übersichtlich mit dem Entscheidungsgegenstand dargestellt und mit der Wirkung eindrucksvoll verbunden. Es wird Sicherheit über die zu treffenden Entscheidungen erlangt, die durch Maßnahmen beschrieben sind.
- Es gelingt eine Fokussierung auf die rationalen Aspekte der Entscheidung, subjektive Aspekte treten in den Hintergrund bzw. werden deutlich erkennbar.

Interessen (geclustert)	Entscheidungs-gegenstand	Wirkung der Entscheidung auf die Interessen (positiv / negativ / neutral)	Maßnahmen	Anmerkungen

Abb. 39: Ergebnisse übersichtlich zusammenfassen

Aufwand/Zeit/Schwierigkeitsgrad

- Schwierigkeitsgrad: mittel
- Zubereitung: 90 Minuten
- Teilnehmer:innen: 5–10

Tipps/Hinweise

- Bei großen Aufgabenstellungen ist es zielführend, Personas zu entwickeln, um die Ziele und Interessen der Stakeholder offenzulegen.
- Schreiben Sie im Nachgang zu dem oben beschriebenen Workshop eine Geschichte, wie die Stakeholder mit der Entschei-

dung umgehen und bereiten Sie Ihre Mitarbeiter:innen auf mögliche Reaktionen vor.

Beispiel

Stakeholder-Management sicherte in einem mittelständischen Finanzinstitut die Akzeptanz eines Restrukturierungsprogramms. Nachdem der Vorstand entschieden hatte, ein Restrukturierungsprogramm durchzuführen und harte Kosteneinsparungsmaßnahmen zu ergreifen, wurden Stakeholder:innen zur Vorstellung dieser Maßnahmen eingeladen. Die Notwendigkeit wurde verdeutlicht und auch der Bezug zu ihren Interessen. Dadurch konnte der Vorstand erreichen, dass die Maßnahmen zwar nicht auf grenzenlose Begeisterung stießen, aber mit einer deutlich gestiegenen Akzeptanz unterstützt wurden (»Aus unternehmerischer Sicht sind diese Maßnahmen sinnvoll und zielführend, aus meiner Sicht bleiben an ausgewählten wenigen Punkten Zweifel: Aber das Gesamtprogramm unterstütze ich.«).

Raum für eigene Gedanken/meine Notizen

3.4.3 Komplexe Entscheidungsthemen – Wie behält man alles im Blick?

Marc Fillinger

Thema

Komplexe Probleme, wie z. B. ein akuter Fachkräftemangel in einem Bereich, lassen sich kaum mit einfachen, bewährten Routinen lösen – schön wäre es. Sie erfordern innovative, kreative Lösungsansätze. Dazu ist Perspektivenvielfalt erforderlich. Cross-funktionale Projektgruppen, Task-Forces, in denen ausgesuchte Expert:innen zusammenkommen, um gemeinsam Möglichkeiten zu erarbeiten, wie das Thema gelöst werden kann.

Die Bearbeitung solcher komplexer Entscheidungsthemen benötigt eine gute Struktur, die Dokumentation und Visualisierung der einzelnen Prozessschritte und Phasen, um alles im Blick zu behalten. Wie kann uns das in unserer dynamischen Welt gelingen? Und wie funktioniert das über verschiedene Abteilungen?

Im nachfolgenden Rezept unterstützt die Decisio-Map dabei, durch den Entscheidungsprozess mit den verschiedenen Phasen zu navigieren und reflektieren. Die Essenz der Prozessergebnisse wird in der Map dokumentiert und visualisiert. Das verhilft allen im Prozess Beteiligten zu Klarheit. Das Rezept kann von jedem »gekocht« werden. Legen wir also los!

Zutaten

- Projektteam, Arbeitsgruppe, Task-Force; Bearbeitung eines komplexen Themas (fachliche, operative Themen, vernetzte/schnittstellenübergreifende Aufgaben, Projekte etc.)
- Decisio-Map – Docu-Map (s. Kochzutaten, Kap. 2.3)
- Leitfragen zur Decisio-Map für die jeweiligen Länder (s. Kochzutaten, Kap. 2.3)
- Perspektivenvielfalt
- Haftnotizen, Metaplankarten, Stifte (Moderator:innenkoffer)
- Moderator:in

Vorgehensweise/Zubereitung

1) *Quellgebiet:* Thema/Problemstellung und Zielkorridor erkunden
   - Nehmen Sie die Decisio-Map im Format »Docu-Map« zur Hand.
   - Befestigen Sie die Docu-Map auf einer Metaplanwand oder hängen Sie die Karte an eine Wand, so dass diese von allen Meeting-Teilnehmer:innen beschriftbar und zu sehen ist.
   - Bilden Sie je nach Teilnehmer:innenanzahl Kleingruppen: Es sollten maximal 5 Personen in einer Gruppe zusammenarbeiten. Kleingruppen bieten den Vorteil, dass noch mehr Perspektiven in der Herangehensweise und den Ergebnis-

sen entstehen. Diese müssen in der Folge zusammengeführt werden.

- Bearbeiten Sie nun im Quellgebiet die folgenden Impulsfragen. Lassen Sie sich zusätzlich von den Decisio-Map-Leitfragen im Quellgebiet inspirieren.
  - Worum geht es? Vor welcher Herausforderung stehen Sie?
  - Welches Problem wollen Sie angehen?
  - Welches Ziel wollen Sie erreichen?
- Die Antworten werden von den einzelnen Teilnehmer:innen der Kleingruppen mit Haftnotizen im Quellgebiet dokumentiert.
- Stellen Sie die Ergebnisse vor und fügen Sie diese bei Vorhandensein von Kleingruppen zu einem Gesamtbild zusammen.
- Nehmen Sie eine gemeinsame Bewertung der Ergebnisse vor.
  - Was läuft gut? Was sollte bewahrt werden?
  - Wo hakt es und wo gibt es Stolperfallen? Was sind die Gründe dafür?
- Nun haben Sie die Ergebnisse, worauf Ihr Thema beruht, visuell im Quellgebiet dargestellt. Das Quellgebiet dient Ihnen dazu, immer wieder zu reflektieren, wenn Sie durch die nachfolgenden Länder schreiten und lässt Sie den Fokus nicht verlieren. Sollten Sie einmal vom Weg abkommen, kehren Sie ins Quellgebiet zurück.

Gehen Sie nun Schritt für Schritt anhand der Decisio-Map-Leitfragen durch die einzelnen Länder. Alle Beteiligten werden dazu in jedem Land angehört, alles Wichtige wird auf Haftnotizen im jeweiligen Land festgehalten.

2) Land der Suche:
   - In der Suche geht es um die Erarbeitung machbarer Optionen bis hin zu soliden Entscheidungsvorlagen.
   - Auch leise Signale wahrzunehmen ist hier wichtig.
   - Was ist notwendig und muss mit betrachtet werden? Diese Frage ist hier von großer Bedeutung.

3) Land des Beschlusses:
   - Im Beschluss wird die Entscheidung genau beschrieben: Was genau wird entschieden und wie wird die Umsetzung gemessen?
   - Der Beschluss muss für alle klar beschrieben sein, verwenden Sie daher keine allgemeingültigen Phrasen.
   - Tragen alle Beteiligten den Beschluss mit? Falls nicht, machen Sie sich wieder auf den Weg ins Quellgebiet und ins Land der Suche und überdenken Sie, was womöglich vergessen wurde.
4) Land des Realisierens:
   - Im Realisierungsschritt geht es um die Umsetzung des Beschlusses.
   - Wenn Sie sich an die Realisierung machen wollen, haben Sie immer das »Wie«, also die Prozessgestaltung, im Blick. Dafür sind die Decisio-Map-Leitfragen hilfreiche Impulsgeber.
   - Beschreiben Sie konkret, wie Sie den Beschluss umsetzen wollen, damit dieser transparent für alle Beteiligten ist.
5) Land der Lessons Learned:
   - Im Land Lessons Learned geht es darum, das Umgesetzte zu challengen.
   - Ist der Prozess tatsächlich so, wie alles beschlossen wurde?
   - Suchen Sie Ansprechpartner:innen, die den Prozess anwenden, und interviewen Sie diese. Holen Sie auch die Kritikerinnen an den »Round Table«; nur so wird der Prozess hinterher auch angenommen.

Ergebnis

Nun haben Sie Ihre Lösung auf der Prozesskarte visualisiert. Reflektieren Sie die einzelnen Länder und beziehen Sie über den Feedbackstrom alle Erkenntnisse und Learnings mit ein, die Sie erlangt haben. Beachten Sie dabei immer folgendes Credo: »Beginnen Sie im Quellgebiet und gehen Sie dann Land für Land von vorne durch und suchen Sie nach dem *Wie.*«

Aufwand/Zeit/Schwierigkeitsgrad

- Vorbereitung der Zutaten: ¼–½ Stunde
- Zubereitung: 1,5 Stunden Workshop
- Schwierigkeitsgrad: fortgeschritten

Tipps/Hinweise

- Erst im Land des Realisierens in die Lösungsperspektive wechseln.
- Wenn es mal nur um einen Teilbereich eines Prozesses geht, können Sie auch nur ein Bildschirmausschnitt von einem Bereich in der Karte machen und das Thema anhand diesem moderieren.
- Die Decisio-Map kann man sehr gut auch in kleinen Meetings spontan zur Strukturierung und Dokumentation einsetzen.
- Auch in Mitarbeiter:innengesprächen konnten schon wertvolle Ergebnisse erzielen werden.
- Die Map hilft auch im Berufsalltag bei strategischen Entscheidungen, selbst wenn niemand zum Reflektieren zur Seite stehen kann.
- Nutzen Sie die Leitfragen! Diese helfen dabei, stets zu den Fakten zurückzukehren und dienen zur Überprüfung der Vollständigkeit Ihrer Betrachtung.
- Wenn es einmal vorkommt, dass Sie bemerken, dass noch nicht alle Dinge geklärt sind, gehen Sie einfach zurück ins Quell-

Abb. 40: Ergebnisdokumentation mit der Decisio®-Map

gebiet und betrachten Sie die Fakten nochmals und ergänzen Sie diese ggf. Dieser Schritt ist – falls notwendig – in jedem Land durchführbar.

Beispiel

Eine »Task-Force« wurde aus verschiedenen Rollen und Funktionsbereichen im Unternehmen gebildet. Hintergrund war der dynamische Wandel im Handwerk und deren Fachkräftemangel und hohe Auslastungen.

Über die Visualisierung des Entscheidungsprozesses und mit Hilfe der Leitfragen konnten in zweiwöchentlichen Meetings schnell, strukturiert und einfach erfolgskritische Entscheidungen getroffen werden.

Im Quellgebiet haben wir die Herausforderung und das Problem in der Branche beschrieben und haben unsere Schritte anhand der Leitfragen immer wieder reflektiert.

Nachdem wir die Problemstellung klar aufgezeigt hatten, gingen wir ins Land der Suche, betrachteten die Fakten immer wieder und zeigten mögliche Perspektiven auf. Vor allem ging es hier auch um Dinge, die man kurzfristig schon ausprobieren kann und Potenziale, die vielleicht auch schon vorhanden sind.

Raum für eigene Gedanken/meine Notizen

3.4.4 Momentum – wieviel Schwung ist in unserer Umsetzung?

Ingrid Kohlhofer

Thema

Eine Entscheidung ist nur so gut wie ihre Umsetzung, oder zugespitzt ausgedrückt: Entscheidungen ohne gute Umsetzung sind nutzlos oder sogar kontraproduktiv. Gut entscheiden und gut umsetzen sind die zwei Seiten einer Medaille. Bei ihrer Betrachtung stellen sich Fragen wie: Gute Entscheidung – mangelhafte Umsetzung? Was wäre, wenn die Umsetzung unserer Entscheidung richtig Schwung hätte? Können wird diesen Schwung messen, verändern, verstehen? Und wenn wir zu wenig Schwung haben, was könnten wir tun? Ein Werkzeug, das den Schwung einer Umsetzung, das Momentum qualitativ misst, ein gemeinsames Verständnis und eine gemeinsame Sprache schafft, ist die Momentum-Matrix.

Die Momentum-Matrix beinhaltet eine Analogie aus der Physik. Im Momentum (engl. für Wucht, Schwung, Impuls) wird die Geschwindigkeit bzw. die Kraft oder Stärke einer Bewegung gemessen. Angewandt auf das Thema »Entscheiden« hilft die Momentum-Matrix, für die Qualität der Umsetzung einer Entscheidung zu sensibilisieren und Verbesserungen abzuleiten.

Die Momentum-Matrix wird wie ein Diagnoseinstrument eingesetzt. Sie kann so der Gefahr vorbeugen, dass Entscheidungen nicht oder nicht gut genug umgesetzt werden, weil das Momentum, der Schwung, nicht aufrechterhalten wird. Das Momentum für eine Umsetzung entsteht aus den folgenden Variablen: eingesetzte Ressourcen + Geschwindigkeit + klare Richtung. Stavros Michailidis unterscheidet acht verschiedene Arten von Momentum: Optimales Momentum (»es geht richtig gut voran«), Chaos (Verwirrung), langsames Wachstum (nur kleine Fortschritte), Bootstrapping (Überforderung), Stagnation (Stillstand), emsige Arbeit (Aktionismus), gute Absichten (guter Wille, aber keine Taten), kein Momentum (nichts geht voran).

Zutaten

- Entscheidung
- Momentum-Matrix
- Team/Entscheider

Vorgehensweise/Zubereitung

1) Betrachten Sie die Umsetzung Ihrer Entscheidung und schätzen Sie den momentanen Status in Hinblick auf die drei Variablen (Ressourcen-Geschwindigkeit-Richtung) der Momentum Matrix ein:
   - *Ressourcen:* Welche Ressourcen setzen wir ein und warum? Geeignete? Zu wenige? Zu viele? Genau richtig?
   - *Geschwindigkeit:* Wie schnell sind wir und warum? Zu schnell? Zu oberflächlich? Zu langsam? Zu umständlich? Zu kompliziert? Genau richtig?
   - *Richtung:* Gehen alle in eine Richtung? Sind die Botschaften/Inhalte klar? Gibt es Doppeldeutigkeiten? Gibt es ungeklärte Widersprüche?

Ressourcen	Geschwindigkeit	Richtung	
✓	✓	✓	Optimales Momentum
✓	✓	✗	Chaos
✓	✗	✓	Langsames Wachstum
✗	✓	✓	Bootstrapping/Überforderung
✓	✗	✗	Stagnation
✗	✓	✗	Emsige Arbeit
✗	✗	✓	Gute Absicht
✗	✗	✗	Kein Momentum

Abb. 41: Übersicht Momentum Matrix (in Anlehnung an Michailidis 2009)

Wie sich die Tabelle liest:

Je nach Einschätzung der drei Kriterien ergeben sich verschiedene Szenarien in Hinblick auf eine erfolgreiche Umsetzung.

Beispiel 1:

Alle beurteilen die Verwendung der Ressourcen, Geschwindigkeit und Richtung als »genau richtig für eine erfolgreiche Implementierung« – folglich besteht ein optimales Momentum.

Beispiel 2:

Ressourceneinsatz und Geschwindigkeit sind adäquat, aber die gemeinsame Richtung ist verloren gegangen – das bedeutet Chaos.

Optimales Momentum: Es geht richtig gut voran. Wir erreichen unsere Ziele. Die Mehrheit ist motiviert mitzuarbeiten. Ressourcen, Geschwindigkeit und gemeinsame Richtung sind adäquat für eine erfolgreiche Umsetzung.

Chaos: Wir nutzen zwar die nötigen Ressourcen, es finden allerdings auch Aktivitäten statt, die nicht unbedingt konsistent mit dem Ziel sind. Es gibt wenig bis keine Klarheit in Bezug auf die gemeinsame Richtung. Es herrscht Verwirrung und Überforderung, weil kein wirklicher Fortschritt zu verzeichnen ist. In dieser Situation empfiehlt es sich, an einer klareren Richtung zu arbeiten und/oder das Verständnis für die gemeinsame Ausrichtung zu erhöhen.

Langsames Wachstum: Ressourcen und Richtung sind adäquat, der Fortschritt ist allerdings mühsam. Die Zielerreichung fühlt sich weit entfernt an. Dieses Szenario erfordert eine Erhöhung der Fortschrittsgeschwindigkeit, um eine optimale Dynamik zu erreichen. Beispiele für Möglichkeiten, die Geschwindigkeit zu erhöhen, sind die Steigerung der Effektivität durch zusätzliche Schulungen, Einsatz von neuen Technologien oder der Abbau gegenläufiger Kräfte, wie z. B. Bürokratie, die den Fortschritt bremsen könnten.

Bootstrapping/Aktionismus: Geschwindigkeit und Richtung scheinen ok – wir haben aber nicht genügend oder die richtigen Ressourcen an Bord oder sie sind nicht richtig eingesetzt. Die Mitarbeiter:innen wissen nicht, wie sie priorisieren sollen. Hauptsache, es geschieht irgendwas. Dieser Umstand ist auf Dauer anstrengend und die langfristige Dynamik ist gefährdet. Es müssen beträchtliche Anstrengungen unternommen werden, um mehr Ressourcen zu sammeln, um eine optimale Dynamik zu erreichen.

Stagnation: Ressourcen sind vorhanden, aber Richtung und Geschwindigkeit sind verloren gegangen. Es werden weder Fortschritte in eine bedeutende Richtung noch in einem sinnvollen Tempo erzielt. Fleißarbeit ist charakteristisch für eine Situation, die durch unzureichende Ressourcen und eine unzureichende Ausrichtung gekennzeichnet ist. Diese Ergebnisse bleiben relativ bedeutungslos, da sie nicht auf ein bestimmtes Ziel ausgerichtet sind und nicht durch umfangreiche Ressourcen unterstützt werden. Es braucht eine gemeinsame Zieldefinition und Roadmaps (Aktivitäten, Zeitplan).

Emsige Arbeit/Aktionismus: Die Richtung ist nicht klar, Ressourcen sind nicht optimal eingesetzt – Hauptsache, es geschieht irgendwas.

> *Gute Absichten:* Die Richtung ist uns zwar schon klar, aber wir setzen nicht ausreichend Ressourcen ein und treiben die Umsetzung nicht vorwärts. Gute Absichten sind typisch für eine Situation, in der das Einzige, was in Hülle und Fülle vorhanden ist, eine Richtung ist. Selbst wenn eine gemeinsame Richtung gefunden und definiert ist, ist sie relativ bedeutungslos ohne die Ressourcen oder die Entwicklung, die notwendig sind, um diese Absichten zu verwirklichen. Überprüfung des Commitments und ernstgemeinte Aktivitätenpläne können hier Abhilfe schaffen.
>
> *Kein Momentum:* Nichts (Zielführendes) passiert mehr, für die Implementierung ist kein Schwung vorhanden. Es steht die Überprüfung der ursprünglichen Entscheidung an.

2) Leiten Sie Möglichkeiten der Verbesserung ab und justieren Sie die Umsetzung.

Ergebnis

Sensibilisierung für das Umsetzungs-Momentum und konkrete Verbesserungsansätze, um das Momentum wiederzugewinnen.

Aufwand/Zeit/Schwierigkeitsgrad

- Dauer: 1–3 Stunden
- Schwierigkeitsgrad: einfach

Tipps/Hinweise

Es ist wichtig, zu erkennen, dass obwohl die drei Komponenten Ressourcen-Geschwindigkeit-Richtung voneinander getrennt sind, eine Situation oft zu einer anderen führen kann. So kann bspw. eine Situation, die als »langsames Wachstum« bezeichnet wird, schnell zu einer Situation werden, in der nur noch »gute Absichten« bestehen, da die Ressourcen in Bereiche mit größeren Fortschritten umverteilt werden. Schließlich können die Hoffnungen, dieses Ergebnis zu erreichen, ganz schwinden, und es kann zu einem Zustand »kein Momentum« kommen.

Wiederholen Sie die Diagnose regelmäßig (z. B. alle 4 Wochen), um den Fortschritt in Hinblick auf die Qualität zu monitoren.

Beispiel

In einem Unternehmen aus der Automobilindustrie überprüften die jeweiligen Führungsteams (Vorstand mit Bereichsleitern; Bereichsleiter mit Abteilungsleitern; Abteilungsleiter mit Gruppenleitern) die Qualität der Umsetzung der Unternehmensstrategie bezogen auf ihren Verantwortungsbereich. Für die Überprüfung nutzten sie die Momentum-Matrix. Die Teams setzten sich für 60–90 Minuten zusammen und arbeiteten an den folgenden Fragestellungen:

1) Gemeinsames Verständnis der Eckpunkte der Strategie: Haben wir ein gemeinsames Verständnis? Woran erkennen wir, dass wir auf dem richtigen Weg sind? Hat sich seit dem letzten Gespräch etwas grundlegend verändert?
2) Wo stehen wir in der Umsetzung in Hinblick auf: eingesetzte Ressourcen – Geschwindigkeit – Richtung? – siehe Checkfragen zum Szenario weiter oben
3) Welches Bild ergibt sich für uns?
   - Weiter so?
   - Verbesserungsbedarf?
     - bei Ressourcen
     - bei Geschwindigkeit
     - bei Richtung
4) Vereinbarungen zum Verbesserungsbedarf
5) Vereinbarung zum nächsten Überprüfungstermin

Passt gut zu ...

- 3.4.7, »Wer entscheidet was«

Raum für eigene Gedanken/meine Notizen

3.4.5 Priorisierung von Themen, Getting things done (GTD, nach David Allen)

Angelika Limmer

Vorüberlegungen und Thema

Priorisieren ist eine Problematik, die uns jeden Tag in den unterschiedlichsten Kontexten begegnet. Bei einem Blick auf den Entscheidungsprozess hilft eine effiziente Priorisierung besonders, wenn die Umsetzung ansteht: In welcher Reihenfolge werden die abzuarbeitenden Aufgaben gemacht, was ist essenziell, was »nice to have« und was kann vielleicht ganz weggelassen oder für später aufgespart werden?

Zutaten

- Umzusetzende Entscheidung
- An der Umsetzung der Entscheidung beteiligte Personen
- Wissen oder Ahnung über die Auswirkung einzelner Teilschritte bzw. gute Kenntnis über das Umfeld

Vorgehensweise/Zubereitung

1) Alle zu priorisierenden Elemente aufzeigen. Bitte schauen Sie genau hin, dass kein wichtiges Detail übersehen wird.
2) *Startfrage:* Können oder müssen wir (jetzt) etwas tun?
   - Ist die Antwort »Nein«, kann das mehrere Ursachen haben:
     a) Das Element ist wichtig, aber es fehlt uns noch etwas dazu, bspw.
        - Informationen
        - Ressourcen
        - Freigaben

        → Empfehlung: Behalten Sie dann das Thema im Auge, bzw. bemühen Sie sich, das Fehlende zu erhalten.

     b) Das Element gehört nicht zum eigenen Aufgabenbereich.
        → Empfehlung: Geben Sie es an den entsprechenden Bereich weiter.

     c) Das Element wurde schnell als nicht essenziell kategorisiert.
        → Empfehlung: Sie können es streichen.

- Ist die Antwort »Ja«, stellt sich als erstes die Frage nach der *Wichtigkeit.*
  Die Wichtigkeit und die dazu gehörenden Fragen sind in der Priorisierung essenziell.
  Dazu legen Sie bitte die *Kriterien für Wichtigkeit* fest. Dabei können folgende Fragestellungen helfen:
  - Welche Hauptpunkte müssen unbedingt erfüllt sein?
  - Was passiert, wenn wir es nicht tun?
  - Wichtigkeit aus der Sicht von wem? Wer ist betroffen (hier kann es sehr konträre Ansichten geben)?
  - Was bekommt aus diesen Ansichten im Hinblick auf die Erreichung des Ziels mehr Gewicht?
  - Sind die Elemente für das Ziel essenziell oder »nice to have«?

  Zu diesen Fragen arbeiten Sie am besten in kleinen Gruppen, um möglichst viele verschiedene Sichtweisen auf die Themen abzudecken.
  Fragen Sie Personen, die nicht so vertraut mit der Thematik sind, um unvoreingenommene Blickweisen mit einzubeziehen. Daraus abgeleitet legen Sie dann die Kriterien fest.

3) Priorisierung nur nach *Wichtigkeit:*
   - Welche Reihenfolge erscheint aufgrund der Wichtigkeitskriterien geboten?
4) Jetzt kommt die *Dringlichkeit* ins Spiel:
   - Verändert sich etwas?
   - Sticht die Dringlichkeit im Einzelfall die Wichtigkeit (Vorsicht: Vielleicht ist schon bei den Kriterien der Wichtigkeit etwas übersehen worden.)?
5) letztes Kriterium für die Priorisierung: der *Zeitaufwand:*
   - geringer Zeitaufwand → *zeitnah erledigen*
   - hoher Zeitaufwand:
     - Muss das Element genau so erledigt werden?
     - Können Teile delegiert werden?
     - Gibt es schon Erfahrungen, auf die zurückgegriffen werden kann?
     - Lohnt es sich, das Element für die Zukunft zu formalisieren (z. B. Vorlagen erstellen, Checklisten, ...)?
6) endgültige Priorisierung:
   - Was ergibt sich aus den Aspekten Wichtigkeit, Dringlichkeit, Zeitaufwand für eine Reihenfolge?

- Ist der Zeitrahmen, der vielleicht schon gesetzt wurde, immer noch realistisch?
- Gibt es noch Dinge, die vor dem Start der Umsetzung geklärt werden müssen?
- Wer macht was bis wann?
- Wo werden die Ergebnisse der einzelnen Schritte festgehalten?
- Wie werden neu eingehende Informationen weitergegeben?

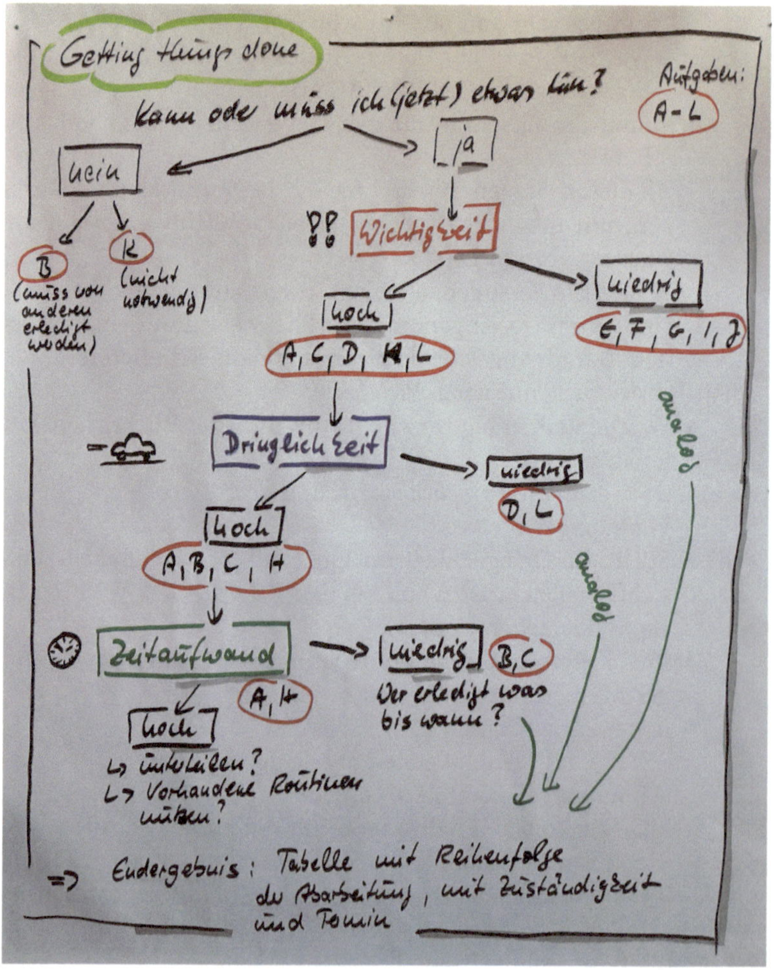

Abb. 42: Formales Beispiel für die Skizzierung des Vorgehens

Ergebnis

Sie haben die Reihenfolge der abzuarbeitenden Punkte nun festgelegt, basierend auf dem aktuellen Wissensstand. Die beigefügte Abbildung zeigt eine Möglichkeit, das zu visualisieren. Hier wurden formal die Aufgaben A-L gewählt.

Je komplexer das Projekt ist, das Sie umsetzen wollen, umso enger muss der Austausch darüber erfolgen, wie die Abarbeitung vorangeht. Häufig ist dazu ein kurzes (max. 15 Min.) tägliches oder wöchentliches Update nötig.

Aufwand/Zeit/Schwierigkeitsgrad

- idealerweise zu zweit, zu dritt oder im Team
- Schwierigkeitsgrad: hängt davon ab, wie evident die Kriterien für die Wichtigkeit sind
- Zubereitung: das ist davon abhängig, wie viele Elemente abzugleichen sind

Tipps/Hinweise

Das Sammeln der zu priorisierenden Schritte ist äußerst wichtig. Bei größeren Projekten macht es Sinn, dies von mindestens zwei Personen parallel machen zu lassen. Die Auswahl der Personen, die in diese Priorisierung mit einbezogen werden, sollte die verschiedenen Gruppen der Umsetzer:innen repräsentieren, damit die Nachvollziehbarkeit hergestellt werden kann.

Die Zeit, die bei einer anstehenden Projektumsetzung hier genommen wird, spart Zeit in der Umsetzung und vermeidet Missverständnisse durch ungeklärte Erwartungen.

Beispiel:

Priorisierung von Themen ist besonders wichtig bei Projekten, die in Matrixorganisation durchgeführt werden. Die Projektmitarbeiter:innen haben dadurch die Chance, ihre individuelle Belastung aus den eigenen Teams mit einzubringen und nachvollziehbare Argumente für die Verteidigung der Projektbearbeitung im eigenen Team zu erhalten.

Bspw. sollten bei der Einführung einer neuen Software im Unternehmen Vertreter:innen der Führungskräfte, der Key-User und der End-User mit ins Boot zu nehmen.

Passt gut zu …

Informationen für die Wichtigkeit der einzelnen Themen können gut entnommen werden aus vorherigen Bewertungen oder Gewichtungen, z. B. aus Kapitel 3.2.5, »Entscheidungsalternativen bewerten und vergleichen mittels Scoring-Modell«.

Wichtig ist, dass im Zuge der Festlegung der Reihenfolge auch die Zuordnung zu Personen und Rollen erfolgt, da können Ergebnisse aus Rezept 3.3.5, »Kollegiale Rollenwahl«, helfen.

Raum für eigene Gedanken/meine Notizen

3.4.6 Partizipations- und Delegationsgrad bei Entscheidungen – über 7 Grade kannst du gehen

Susanne Delius

Thema

Wie viele und wer entscheiden bei dem Thema mit? Wieviel Partizipation macht bei welchen Entscheidungsthemen Sinn? Welche Aufgaben bleiben in meiner Kontrolle und Macht? Was entscheiden wir kollegial und gemeinsam im Team? Welche Aufgaben und Projekte gebe ich ab? Werden diese Fragen im Team nicht oder unklar beantwortet, kann es zu Spannungen und Konflikten darüber kommen, wie entschieden oder wie die Aufgabe erledigt wird.

Wir denken beim Delegieren üblicherweise im »Entweder-oder-Format«: Entweder ich mache es selbst oder ich gebe es an eine andere Person ab. Hilfreicher als dieses Schwarz-Weiß-Denken ist eine differenziertere Betrachtung der Delegationsmodi: Was entscheide ich allein, bei welchen Themen beziehe ich andere mit ein, was entscheiden wir gemeinsam und was delegiere ich in welchem Maß an andere? Die Auseinandersetzung mit diesen Fragen lohnt sich vor allem dann, wenn gemeinsam zu entscheiden ist: Die Erwartungen über das »Wie entscheiden wir miteinander« werden von vornherein geteilt und ausgehandelt.

Zutaten

- Modell der Delegationsmodi (vgl. Appelo 2010)

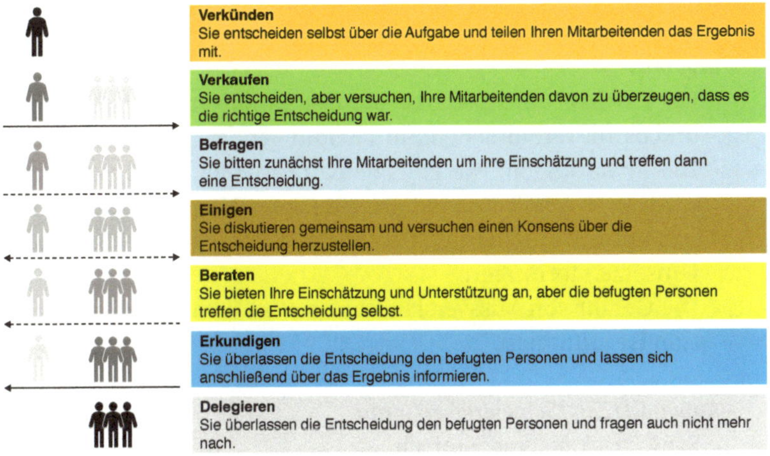

Abb. 43: 7 Grade der Partizipation und Delegation (adaptiert nach Oestereich u. Schröder 2019)

- Aufgaben, Projekte, für die der Grad der Entscheidungspartizipation und Befugnis vereinbart werden soll
- Bereitschaft, den Grad der Partizipation/Delegation für spezifische Verantwortungsbereiche, Aufgaben, Projekte auszuhandeln

Vorgehensweise/Zubereitung

- Handeln Sie den Partizipations- und Delegationsgrad fürs Entscheiden bei spezifischen Themen, Aufgaben und Projekten gemeinsam mit den entsprechenden beteiligten Personen aus. Das siebenstufige Modell der Delegation und Partizipation hilft, Klarheit zu verschaffen, welches Thema wie mit wem entschieden wird und Missverständnisse darüber von vorneherein zu vermeiden.
- Prüfen Sie im Dialog, welche Kompetenzen und Befugnisse die Person/das Team, der/dem eine Aufgabe im Grad 5–7 anver-

traut wird, benötigt, um diese erwartungsgerecht zu erledigen. Und sorgen Sie dafür, dass diese Kompetenzen und Befugnisse auch zur Verfügung stehen.
- Sorgen Sie dafür, dass sich alle Beteiligten an die Vereinbarung, die getroffen wurde, halten. Wenn Vereinbarungen nicht zufriedenstellend eingehalten werden bzw. dies so erlebt wird, prüfen Sie im Dialog, woran das liegt und suchen gemeinsam nach Lösungen.

Ergebnis

- Der Partizipationsgrad bzw. der Delegationsgrad von Aufgaben und damit verbundenen Entscheidungen ist geklärt.
- Die Erwartungen, wie ein Thema bearbeitet und entschieden wird, sind geteilt und ein gemeinsames Verständnis von Entscheidungsvorbereitung, Beschlussfindung, Verantworten und Umsetzen formuliert.
- Die Gefahr von Missverständnissen und Verantwortungsdiffusion ist minimiert.

Aufwand/Zeit/Schwierigkeitsgrad

- Schwierigkeitsgrad: einfach
- Zubereitung: ca. 15–30 Minuten je nach Komplexität der Aufgabe

Tipps/Hinweise

- Die Delegationsmodi können auch spielerisch mit einem Kartenset, dem Delegation-Poker (vgl. Appelo 2010), eingesetzt werden. Das Team entscheidet dann, welche Aufgabe bzw. welcher Verantwortungsbereich wem (das können einzelne Personen, Arbeitsgruppen oder das Gesamtteam sein) in welchem Delegationsmodus übertragen wird.

Beispiel

Die Führungskraft der Abteilung Marketing war überlastet. Ihre Eingebundenheit in das operative Geschäft mit den vielfältigen Aufgaben, Projekten und damit verbundenen Meetings ließ kaum Zeit für relevante, strategische Themen sowie für das Führen ihrer Mitarbeiter:innen. Um das zu ändern, bewertete die Abteilungsleitung zunächst, a) welche Aufgaben, Themen und Projekte in ihrer Gestaltungs- und Entscheidungsmacht bleiben sollen und b) welchen Partizipationsgrad sie dabei als sinnvoll erachtet. Dies wurde dem Team vorgestellt und Fragen wie Einwände berücksichtigt. Anschließend wurden alle anderen Aufgaben, Themen und Projekte mit dem Team auf den aktuellen Partizipations- bzw. Delegationsgrad geprüft. Im Dialog mit ihren Mitarbeiter:innen wurden einige operative Aufgaben identifiziert, die die Abteilungsleitung auf den Stufen 5 und 6 an das Team delegierte. Im Team wurde diskutiert und beschlossen, a) bei welchen Themen eine aufwendigere kollegiale und gemeinsame Beschlussfindung beibehalten wird und b) welche Themen pragmatisch, mit einem geringeren Aufwand einzelnen Personen oder Projektgruppen anvertraut werden. Die neue Aufgabenverteilung in Verbindung mit der Klärung von Delegations- und Partizipationsmodus trug zur spürbaren Entlastung der Abteilungsleitung bei. Positive Nebenwirkung: Auch das Team fühlte sich entlastet und zufriedener, da die Entscheidungsprozesse klarer und effizienter beschrieben waren.

Passt gut zu …

Lässt sich gut mit 3.4.7, »Wer entscheidet was« verknüpfen. Als Menüabfolge empfiehlt sich: Die Delegations-Matrix ist Vorspeise, die Beschreibung des Modus dann das Hauptgericht.

Raum für eigene Gedanken/meine Notizen

3.4.7 Wer entscheidet was? – Verantwortung eindeutig zuordnen

Susanne Delius

Thema

Damit gemeinsames Entscheiden effizient und frei von Missverständnissen funktioniert, sollte klar sein, wer was entscheidet. Das klingt banal, ist es aber nicht. Je mehr Hierarchieebenen und Schnittstellen an Entscheidungsprozessen beteiligt sind, umso schwieriger wird die eindeutige Zuordnung zu den Verantwortungsträger:innen. Dabei ist sie der orientierungsgebende Rahmen für die Zusammenarbeit. Die Delegations-Matrix, ein Werkzeug aus der kollegialen Führung (Oesterreich u. Schröder 2019, S. 56 ff.), visualisiert, welche Verantwortungsbereiche bei der übergeordneten Führung bleiben und welche in die Kollegenschaft delegiert werden. Je klarer und eindeutiger die Aufgaben und die Entscheidungsbefugnisse zugeordnet sind, umso effizienter und effektiver kann entschieden werden.

Zutaten

- eine Organisationseinheit (Bereich, Abteilung oder Team) mit unterschiedlichen Aufgabenbereichen
- zu erstellende Delegations-Matrix

Vorgehensweise/Zubereitung

- *Verantwortungsbereiche abgrenzen:* Die relevanten gemeinsamen Aufgaben für einen Bereich, eine Abteilung oder ein Team sammeln und zu inhaltlich sinnvollen Paketen schnüren. Die Verantwortungsbereiche werden in der Spalte 1 aufgelistet.
- Die *Hierarchieebenen der Organisationseinheit* benennen. Diese bilden die weiteren Spalten der Matrix.
- *Definieren,* inwieweit der Verantwortungsbereich bei der übergeordneten Hierarchieebene/Führungskraft verbleibt oder inwiefern dieser an das Team delegiert wird.

Ergebnis

- Zuständigkeiten sind geklärt: Im Bereich, in der Abteilung, im Team herrscht Klarheit darüber, wer was verantwortet und entscheidet.

- Gefahr von Missverständnissen und Verantwortungsdiffusion ist minimiert.
- Aufgaben und Entscheidungen können effizient und verlässlich bearbeitet werden.

Verantwortungsbereich	Geschäftsführung	Führungsteam	Expertenteam
Unternehmensstrategie	X	Veto-Option	
Geschäftsplan (jährlich)	Veto-Option	X	
Führungskräfte bestimmen	X	Veto-Option	
Personalbedarf festlegen		X	
Neueinstellung Kollegen		Mit Veto-Option	X
Gehaltserhöhung		X	
Urlaubs- und Dienstpläne			X
Kernarbeitszeiten		X	
Lieferanten bestimmen		X	X
Standardausgaben			X
Individuelle Ausgaben			X
Größere Investitionen	Veto-Option	X	
...			...

Abb. 44: Delegations-Matrix (adaptiert in Anlehnung an Oestereich u. Schröder 2019)

Aufwand/Zeit/Schwierigkeitsgrad

- Schwierigkeitsgrad: einfach
- Zubereitung: ca. 1–3 Stunden je nach Komplexität der Organisationseinheit

Tipps/Hinweise

Die Verantwortungsbereiche, die den Teams (Führung und Expert:innen) übertragen werden, müssen weiter differenziert und konkretisiert werden. Ziel ist, dass jeder Verantwortungsbereich eindeutig einem Team, einem Gremium oder einer Person zugeordnet werden kann, um Verantwortungsdiffusion zu vermeiden.

Beispiel

Der Standort eines Unternehmens wurde unabhängig als GmbH organisiert. Die Verantwortungsbereiche insbesondere für das Führungsteam erweiterten sich entsprechend. In einem Workshop wurden die Aufgaben und Entscheidungen, die zur Umsetzung der neuen Strategie anfallen, neu formuliert und Befugnisse zugeordnet. Die Verantwortung im Führungsteam wurde anschließend so konkretisiert, dass klar war, welche Person dafür die letzte Verantwortung und Entscheidungsbefugnis trägt. Die so entstandene Verantwortungsstruktur gab eine transparente Orientierung für alle beteiligten Personen im Führungsteam wie auch in der Gesamtbelegschaft. Zuständigkeiten sind nun klar und Entscheidungen werden an der richtigen Stelle effizient getroffen.

Passt gut zu ...

Die Delegationsmatrix lässt sich gut mit dem siebenstufigen Modell der Delegationsmodi (s. Rezept 3.4.6, »Partizipations- und Delegationsgrad bei Entscheidungen«) verknüpfen.

Raum für eigene Gedanken/meine Notizen

3.5 Lessons Learned: Rezepte zum Lernen aus dem Entscheidungsprozess

3.5.1 Den Feedbackstrom zum Leben erwecken: Was machen wir mit unseren Reflexionsergebnissen?

Cornelia Strobel

Thema

Gut durchgeführte Reviews, Retrospektiven, Resonanzrunden liefern Ergebnisse: Was hat gut funktioniert, woran hat es gehapert, wobei haben wir Glück gehabt etc. Die Teilnehmenden sind zufrieden, haben etwas gelernt und weiter geht es in der tagtäglichen Arbeit. Das nächste Projekt läuft ja schon und fordert die Ressourcen. Das eben noch Gelernte verpufft leicht. Wie können wir nun aus dem Lernen von Einzelnen ein gemeinsames Lernen des Teams gestalten, das Wirkung auch in den nächsten Projekten, Aufgaben zeigt?

Das gelingt dann besonders gut, wenn die Ergebnisse in die Teamprozesse integriert und daraus Schritt für Schritt Routinen entwickelt werden. Doch welche Lernthemen gehören zur Rubrik Team, welche zur Einzelperson und welche zur Organisation? Dieses Rezept gibt eine Anleitung, wie Sie vorgehen können, um die Feedback-Ergebnisse zunächst zu strukturieren und dann für künftiges Arbeiten im Team, im Projekt konkret und nachhaltig zu nutzen.

Zutaten

- Ergebnisse aus Lessons Learned liegen vor. Sie sind einzeln auf Moderationskarten geschrieben. Für jedes Teammitglied gibt es ein Set der Ergebniskarten.
- Pinnwand/Whiteboard mit den Rubriken Individuell, Team und Organisation ist vorbereitet.
- moderierter Dialog zum Vergemeinschaften der Einzelperspektiven
- Decisio-Map (Process-, Docu-, Task-Map) und Leitfragen-Set (s. Abschn. 2.3, Kochzutaten)
- Stuhlkreis
- Post-its und Stifte bzw. vorbereitete Frames zur Dokumentation im Whiteboard

Vorgehensweise/Zubereitung

- *Schritt 1:* Vorstellen der Ergebnisse/Aufgaben/Themen aus Lessons Learned (10–15 Min.)
- *Schritt 2:* Wohin gehört welches Ergebnis: Sortieren der Ergebnisse in die Rubriken Individuell, Team und Organisation (Einzelarbeit 10–20 Min., je nach Anzahl der Teammitglieder). Der Schwerpunkt liegt auf der Frage: *Welche Ergebnisse gehören unbedingt in unseren Teamentscheidungsraum?*
  - individuell: Entscheiden und Verantworten liegt in der einzelnen Funktion
  - Team: Entscheiden und Verantworten liegt bei uns im Team/Projekt
  - Organisation: Entscheiden und Verantworten liegt bei der Organisation.

  Jedes Teammitglied stellt seine Sortierung vor und begründet diese kurz (Dokumentation auf vorbereitete Pinnwand/Whiteboard).
- *Schritt 3:* moderierter Dialog (30 Min.)
  Impulsfragen:
  - Wo sehen wir die größten Unterschiede?
  - Wo gibt es die größten Gemeinsamkeiten?
  - Wo haben wir Verständnisfragen?
  - Welche dieser Ergebnisse/Aufgaben können wir nur gemeinsam in unseren zukünftigen Teamentscheidungen zum Leben erwecken?
  - Von welchen dieser angedachten Aufgaben/Veränderungen erwarten wir uns den größten Benefit?
  - Worauf können wir uns einigen und welche Aufgaben/Veränderungen wollen wir konkret hier und jetzt anpacken?
  - Was tun wir mit den Karten, bei denen wir keine Einigkeit erzielen?
  - ...
- *Schritt 4:* Einführen des Entscheidungsprozesses mit der Decisio-Map, so noch nicht bekannt (15 Min.). Dabei kommen die priorisierte(n) Aufgabe(n)/Veränderung(en) in das Quellgebiet.
- *Schritt 5:* Bearbeiten der Aufgaben in Kleingruppen mit den Decisio-Leitfragen (s. Kap. 2.3, »Decisio-Map-Kochzutaten«) (30–45 Min.)

- *Schritt 6:* Vorstellen der Arbeitsergebnisse und Beschlussfassung zur jeweiligen Aufgabe (15–30 Min.) im Plenum
  Der Schwerpunkt liegt auf der folgenden Frage: *Welche(s) Arbeitsergebnis(se) wird/werden künftig Bestandteil unseres Teamentscheidungsprozesses?* Dokumentation in einer Decisio-Docu-Map
- *Schritt 7:* Abschluss: Wie sorgen wir dafür, dass unser Beschluss umgesetzt wird? Welchen konkreten Beitrag leistet jedes Teammitglied dafür? (15 Min.)

Ergebnis

- Ergebnisse aus Retrospektiven, Reviews und Resonanzrunden sind auf ihre
- Relevanz für Entscheidungsprozesse im Team/im Projekt bewertet und der
- Prozess für das Implementieren in zukünftige Teamentscheidungen ist erarbeitet.
- Das Commitment für das Realisieren ist erfolgt. Teamlernen findet statt.

Aufwand/Zeit/Schwierigkeitsgrad

- Vorbereitung der Zutaten: 1–2 Stunden
- Zubereitung: 100–120 Minuten
- Schwierigkeitsgrad: mittel, Moderation notwendig

Tipps/Hinweise

Die Methode eignet sich insbesondere bei immer wiederkehrenden Frage-/Problemstellungen. Sie nutzt die Perspektivenvielfalt im Vorfeld des Beschlusses, ermöglicht eine fundierte Entscheidung und unterstützt, auftretende Hindernisse, die in der Zusammenarbeit schlummern, aus dem Weg zu räumen. Sie hilft in der gemeinsamen Weiterentwicklung als Team. Zusätzlich lädt sie ein, Themen, die auf Organisationsebene angeschwemmt werden, der gesamten Organisation in geeigneter Form zu Verfügung zu stellen. Dabei sollte die Organisationskultur berücksichtigt werden, damit eine Chance auf »Gehörtwerden« und damit auf Veränderung besteht.

Für diese Methode ist eine Moderation sehr zu empfehlen. Es sollten Personen sein, die nicht direkt involviert sind und Moderationskompetenz haben.

Beispiel

Entscheidungen in Unternehmen werden heute mehr und mehr in Teams getroffen. Das will gelernt sein. Dazu entwickelte ein internationaler Automobilkonzern ein Lernformat speziell für Teams. Führungsteams reflektierten das eigene Teamentscheiden und -lernten, es zu verändern.

Dabei zeigte sich, dass der Schritt, sich auf die gemeinsamen Teamentscheidungen zu verständigen, der Entscheidende ist. Dieser Aushandlungsprozess (»Was gehört in unseren Teamentscheidungsraum und was nicht?«) war einmal die Basis und gleichzeitig auch der Dreh- und Angelpunkt für das Gelingen von Teamlernen. Das »Wissen« darüber, welches die gemeinsamen Aufgaben sind und wie diese im Miteinander gestaltet werden, gab den Führungsteams die notwendige Orientierung im Alltag, um effizient und effektiv handlungsfähig zu sein.

Viele der Teams stellten sich diesem kontinuierlichen »Aushandlungsprozess«, indem sie das Lernformat in regelmäßigen Abständen erneut durchlaufen. Denn es ist immer wieder notwendig, sich den veränderten Rahmenbedingungen anzupassen. Gerade die Automobilbranche steht unter starkem »Transformationsdruck«.

Das Resümee eines Teammitglieds nach dem dritten Durchlauf des Lernformats lautete wie folgt: »Beim ersten Mal haben wir die Sinnhaftigkeit der Methodik erkannt. Das zweite Mal hat aufgezeigt, dass sich innerhalb kurzer Zeit so viel verändert hat, dass wir darüber sehr gut unsere Entscheidenslandkarte rasch anpassen konnten. Jetzt nach dem dritten Mal erschließt sich mir, welche Lernfortschritte wir schon gemacht haben und welche noch vor uns liegen. Erst durch das Wiederholen können wir die notwendigen Routinen erzeugen und die störenden aufbrechen und verändern. Und das in kurzer Zeit. Der Prozessdurchlauf ist immer wieder eine lohnende Investition.«

Variationen

Die Methode lässt sich auch gut in Teambildungsprozessen, Projekt-Kick-offs etc. anwenden. Sie kann gut genutzt werden, wenn es darum geht, sich über gemeinsame Aufgaben und das daraus folgende gemeinsame Entscheiden, Verantworten und Handeln zu verständigen.

Raum für eigene Gedanken/meine Notizen

3.5.2 Output bewerten: Review

Volker Steinhoff

Thema

Die Bewertung des Outputs ist eine herausfordernde Aufgabe. Nicht nur am Projektende, sondern immer dann, wenn Etappenziele/Projektphasen/Teilschritte abgeschlossen sind oder aus unterschiedlichen Perspektiven ein Blick auf das Erreichte erforderlich ist. Die unterschiedlichen Sichtweisen entstehen aus den Bedürfnissen der Teilnehmer:innen der Arbeitsteams, der Entscheidungsträger:innen, der Kund:innen etc. Diese Sichtweisen frühzeitig in den Projektablauf einzubringen, sichert zu einem frühen Zeitpunkt die Ergebnisqualität ab (Hofert 2018).

Zutaten

- konkreter Auftrag (Projektziel, Thema, Problem)
- Auftraggeber:innen/Auftragnehmer:innen/Arbeitsteammitglieder
- Decisio-Map-Leitfragen zu Lessons Learned (s. Kochzutaten, Kap. 2.3)
- offener Austausch, Ehrlichkeit
- Bereitschaft, lernen zu wollen

Vorgehensweise/Zubereitung

1) Erzeugen Sie Transparenz über die Punkte, die zu erörtern sind.
   Klären Sie, welche Aspekte sind in dieser Review-Runde zu betrachten:
   - alle Ergebnisse, die bisher erzielt worden sind und/oder
   - Teilergebnisse, die im weiteren Verlauf relevant sein können
2) Klären Sie die Sichtweisen, die beim Review einzunehmen sind (s. Abb. 45):
   - persönliche Sichtweise: Wie beurteilen Sie persönlich die Ergebnisse?
   - Sichtweise aus der Teamperspektive (z. B. Projektteam): Wie beurteilt das Team die Ergebnisse?
   - organisatorische Sichtweise: Wie sind die bisher sichtbaren Ergebnisse aus organisatorischer Sicht zu beurteilen?

Abb. 45: Das soziale Dreieck (Sutrich u. Opp 2016)

3) Welche Abweichungen sind zu beobachten (s. Abb. 46):
   - bezogen auf die Zielebene?
   - bezogen auf den Projektverlauf?
4) Welche Chancen und Gefahren entstehen durch die bisher erarbeiteten Ergebnisse? Welche Korrekturen sind bei der weiteren Bearbeitung der Aufgabe zu berücksichtigen?

	Beurteilung der Ergebnisse aus der Sicht ...			Chancen und Risiken		Maßnahmen
	Person	Team	Organisation	Chancen	Risiken	
Ergebnisse						
Teil-ergebnisse						
Projekt-verlauf						

Abb. 46: Übersichtlichkeit gewinnen

Ergebnis

- bewertete Chancen und Gefahren bezogen auf die Ergebnisse
- bewusstes Entscheiden darüber, ob die Ergebnisse zufriedenstellend sind und wie damit umzugehen ist

Aufwand/Zeit/Schwierigkeitsgrad

- Schwierigkeitsgrad: mittel
- Zubereitung: 45 Minuten
- Teilnehmer: 4–6

Tipps/Hinweise

Nach dem Review sollte mit den Teilnehmer:innen geklärt werden:

- Wann erfolgt die nächste Runde?
- Wer nimmt daran teil: Welche Perspektive muss stärker mit eingebunden werden?
- Wie erfolgt die Transformation auf andere Prozesse/Projekte?

Unternehmen setzen Reviews häufiger und die Erfahrungen sind nicht immer positiv. Ein Grund liegt darin, dass erfolgreich ausgegangene Projekte im Nachgang zerredet werden und Ergebnisse abgewertet werden.

Deshalb: Nehmen Sie sich die Zeit für den Review, der benötigt wird. Würdigen Sie die Erfolge und betrachten Sie auch im Review, was erreicht worden ist. Oftmals werden nur die Aspekte/Teilziele betrachtet, die nicht erreicht worden sind. Aus diesem Grund gilt: die

Gesamtheit der Erfolge und Nichterfolge betrachten und sich nicht von diesem Weg abbringen lassen!

Beispiel

Ein Projektteam eines Verbandes erhielt den Auftrag, Mitglieder-Journeys zu entwickeln und diese mit Kund:innen zu verifizieren. Die entwickelten Journeys wurden den Kund:innen vorgestellt. Anschließend erfolgte das Review im Projektteam. Viele positive Ergebnisse wurden auch von dem Projektteam geteilt und die Vorgehensweise und Ergebnisse im Entwicklungsprozess bestätigt. Gleichwohl traten im Review auch Aspekte auf, die im weiteren Verlauf stärker zu berücksichtigen sind, z. B. spezifische Abbildung von Kund:innenbedürfnissen, die eine ausführlichere Begründung für die Antworten erhalten wollen. Die dadurch aufgebaute Komplexität wurde im weiteren Projektverlauf berücksichtigt (Inhalte der Datenbank, Detaillierungsgrad der Prozesse und der Inhalte). Das Review hat dazu geführt, dass spätere Nacharbeiten frühzeitig bekannt wurden und im Projekt aufgenommen werden konnten.

Passt gut zu ...

- 3.5.3, »Resonanzrunden – Quellen für erfolgreiches Prozessgestalten«

Raum für eigene Gedanken/meine Notizen

3.5.3 Resonanzrunden – Quelle für erfolgreiches Prozessgestalten

Cornelia Strobel

Thema

Resonanzrunden laden dazu ein, sich mit dem eigenen Erleben in vergangenen und laufenden Prozessen auseinanderzusetzen und es mit anderen Beteiligten zu teilen. In ihnen werden die gemachten Projekterfahrungen multiperspektivisch zusammengetragen und daraus Einsichten und Erkenntnisse abgeleitet, die wiederum für künftige Prozesse nützlich sind. Darüber lassen sich Konflikte vermeiden, Reibungsverluste reduzieren und die Qualität der Zusammenarbeit erhöhen. Dieses Rezept gibt eine Anleitung für den ersten Schritt: die Erfahrungen gemeinsam zu gestalten. Dazu nutzen wir Bilder und Metaphern. Sie helfen, die Dinge, die wir sonst *nur* über Sprache zum Ausdruck bringen könnten, besser zu versinnbildlichen und damit ein größeres gemeinsames Verständnis zu erzielen. Denn: Ein Bild sagt mehr als tausend Worte!

Zutaten

- Projekt/Aufgabe/Prozess skizzieren
- Zielvorstellung formulieren: Was soll das Ergebnis sein?
- Prozess aufzeigen: Was soll mit den Ergebnissen passieren?
- relevante Teilnehmer:innen für die Runde auswählen (Stakeholder)
- Bildmaterial: ca. 70 Fotos, Postkarten, Emotion Cards, ...
- Stuhlkreis
- Flipchart/Whiteboard mit Instruktionen
- Post-its und Stifte bzw. vorbereitete Frames zur Dokumentation im Whiteboard

Vorgehensweise/Zubereitung

- *Schritt 1:* Vorstellen des Themas, der Ziele und des weiteren Prozesses (15–30 Min.)
- *Schritt 2:* Teilnehmer:innen einladen, sich zurückzuerinnern (Einzelarbeit 10–15 Min.)
  Impulsfragen:
  – Wie war das eigentlich?
  – Wie habe ich es empfunden?

  - Welche Ereignisse haben sich mir besonders eingeprägt?
  - Wann fand ich es besonders gelungen?
  - Wann war ich verärgert?
  - ...
- *Schritt 3:* Auslegen des Bildmaterials im Inneren des Stuhlkreises (5 Min.)
- *Schritt 4:* Jede/r wählt sich 1–2 Bilder aus, die seine/ihre Erinnerungen am besten ausdrücken. (5 Min.)
- *Schritt 5:* Jede/r stellt seine/ihre Auswahl vor und erklärt die dahinter liegenden Gedanken und Erfahrungen. Diese Vorstellung wird *nicht* diskutiert oder kommentiert. Hinweis: Je stärker diese Resonanzen mit konkreten Beispielen verknüpft werden können, umso leichter sind sie für die anderen nachvollziehbar (15–45 Min. – je nach Teilnehmer:innenzahl).
- *Schritt 6:* Resonanzen zu dem Gehörten (15–30 Min.) im Plenum
  Impulsfragen:
  - Wie hat sich mein Bild verändert/konkretisiert/bestätigt?
  - Was war neu für mich?
  - Was finde ich besonders bemerkenswert?
  - Was sollten wir unbedingt beibehalten?
  - Was sollten wir unbedingt verändern?
  - ...
- *Schritt 7:* Abschluss: Wie konkret fließen die Resonanzen in die nächsten Schritte ein? (10 Min.)

Ergebnis

Aus den einzelnen Perspektiven werden gemeinsame Erfahrungen. Diese sind die Basis dafür, »das Lernen und Verlernen« in künftige Abläufe und Prozesse zu integrieren.

Aufwand/Zeit/Schwierigkeitsgrad

- Vorbereitung der Zutaten: 1–2 Stunden
- Zubereitung: 90–120 Minuten
- Schwierigkeitsgrad: leicht, Moderation hilfreich

Tipps/Hinweise

Bitte stellen Sie sicher, dass die angebotenen Resonanzen durch die anderen Teilnehmer:innen weder kommentiert noch diskutiert werden. Jede Person stellt nur dann ihre »wahren« Gedanken/Gefühle zur Verfügung, wenn mit diesen respektvoll umgegangen wird. Jeder Eindruck: »Meine Gedanken sind falsch«, ist durch das Setting bzw. die Moderation zu unterbinden.

Die Ergebnisse der Resonanzrunde sollten sich im weiteren Prozess wiederfinden bzw. nächste Termine für weitere Resonanzrunden sollten in Schritt 7 vereinbart werden.

Das Rezept »Resonanzrunden« kann anstelle von Bildern ebenso mit Metaphern durchgeführt werden. Dafür bietet sich u. a. die Decisio-Map an. Metaphern wirken hier als Brücke zu den inneren Bildern jedes einzelnen.

Beispiel

In einer Schweizer Niederlassung eines mittelständischen Dienstleistungsunternehmens wurde der HR-Bereich neu aufgestellt. Aufgaben, die vormals in der deutschen Zentrale angesiedelt waren, wurden dezentralisiert und andere, die vormals dezentral waren, wurden zentralisiert. Dies ging mit eindeutigen Verschiebungen von Aufgaben und Verantwortungen an nahezu jedem Arbeitsplatz in der Schweiz einher. Gleichzeitig wurde eine neue Leitung eingesetzt und an der einen oder anderen Stelle gab es Wechsel/Rotation bei den Mitarbeiter:innen der Abteilung. Dieser Prozess wurde von uns begleitet. Im Rahmen des ersten Reviews ca. vier Monate nach dem Kick-off-Workshop kam das Rezept »Resonanzrunde – Quelle für erfolgreiches Prozessgestalten« zum Einsatz. Die Bilder wurden genutzt, um das unterschiedliche Wahrnehmen der Mitarbeiter:innen im Rahmen des Veränderungsprozesses gut aufgreifen zu können. Dabei wurde der Kreis bewusst auf die HR-Abteilung begrenzt, da zu diesem Zeitpunkt die Funktionalität der HR-Abteilung im Fokus stand. Gleichzeitig wurden die Teilnehmer:innen eingeladen, die Erfahrungen mit ihren Kund:innen und den zentralen Funktionen mit einzubringen.

Im Ergebnis zeigten sich zwei Haupt-Balance-Akte: Einmal »bewahren und innovieren« sowie »aktiv teilhaben am Prozess und aktives Beobachten des Prozesses«. Vermeintliches Bremser- und Aktivisten-Image konnte darüber ebenso aufgehellt werden wie vermeintliches Streber- und Nichtstun-Image. Die jeweiligen Beiträge und damit verbundenen Verhaltensweisen konnten anerkannt werden und die Einsicht, dass es wohl beides braucht, konnte reifen.

Eine Aussage einer Teilnehmerin verdeutlicht es ganz gut: »Erst habe ich mich gefragt, wozu die Sitzung gut sein soll, und nun sind mein Vertrauen und meine Zuversicht, dass uns der Prozess gelingen wird, deutlich gewachsen.«

Abb. 47: Ausschnitt mit Emotion Cards

Variationen

Die Methode mit Bildern und Metaphern kann auch gut für Einstiegsfragen (Wie bin ich hier?) und Erwartungsabfragen (Was möchte ich, das wir erreichen?) zu Beginn eines Workshops und als Abschlussresonanz (Wie gehe ich jetzt hier raus?) am Ende eines Workshops genutzt wurden. Denn ein Bild sagt mehr als 1.000 Worte :-).

Passt gut zu ...

Um zu einer gemeinsam getragenen Bewertung der Sortierung zu kommen, kann Rezept 3.3.1, »Widerstand oder Zustimmung abfragen – ein kleiner Unterschied mit erstaunlicher Wirkung«, genutzt werden.

Raum für eigene Gedanken/meine Notizen

3.5.4 Zusammenarbeit bewerten: Retrospektive

Susanne Delius

Thema

Miteinander Entscheiden ist ein sozialer, kommunikativer Prozess. Die Art und Weise, wie in einem Projekt zusammengearbeitet und entschieden wird, ist mindestens genauso erfolgsrelevant für das Ergebnis wie die inhaltliche Analyse des Themas. Wie wichtig es ist, genau diese interaktiven und kommunikativen Prozesse zum Bestandteil des Lernens zu machen, erklärt sich damit von selbst.

Retrospektiven blicken zurück und reflektieren den Prozess der Zusammenarbeit. Ziel ist es, aus diesem Rückblick zu lernen, was das Team wie tun kann, damit künftige Entscheidungsprozesse noch besser laufen. Positives wie Störendes aus der vergangenen Zusammenarbeit wird beleuchtet. Aus der Analyse wird abgeleitet, was bewahrt und was verändert werden will. Elementar für den nachhaltigen Lernfortschritt ist, dass Retrospektiven keine Einmalaktion bleiben, sondern im regelmäßigen Rhythmus und strukturiert nach Ablauf eines Projektes, eines Sprints, einer festgelegten Zeitspanne stattfinden. Der Fortschritt vereinbarter Lern- bzw. Entwicklungsziele und die Umsetzung darauf einzahlender Aktivitäten werden in regelmäßig stattfindenden Retros nachgehalten.

Zutaten

- Team, das zusammen an einer gemeinsamen Aufgabe, Projekt arbeitet
- Meetingraum mit Flip-Chart, Moderationswand, Post it's/Metaplankarten, Stifte
- vorbereiteter Ablauf/Format für die Retrospektive
- Decisio-Map: Process-, Task- und Metaphern-Map und Decisio-Map-Leitfragen (s. Kochzutaten, Kap. 2.3)
- Rolle der Moderation: Der Grundsatz jeder Retrospektive lautet, dass jede Meinung wichtig ist und jedes Teammitglied zu Wort kommen muss. Eine Moderationsrolle hilft, das zu gewährleisten.

Vorgehensweise/Zubereitung

Es gibt eine Vielzahl von Formaten und Methoden für Retrospektiven (Retros). Retros können längere Zeiträume der Zusammenarbeit genauso wie kürzere Sprints in den Blick nehmen. Dementsprechend ist die zeitliche Dauer für die Retro zu wählen. Kurzretrospektiven dauern in der Regel 1–2 Stunden. Langretrospektiven dauern normalerweise zwischen ½–1 Tag. Sinnvoll sind Retros immer, sofern sie gut moderiert sind und die Ergebnisse in den Alltag der Zusammenarbeit umgesetzt werden.

Folgende wesentliche Grundprinzipien für den Ablauf sollten unabhängig von der Zeitdauer, dem Format und der spezifisch gewählten Methode eingehalten werden:

- Eröffnung mit Rahmen- und Zielsetzung
- Check-in, Startrunde
- Wahl des Retrospektive-Formats, der Methoden
- Priorisierung und Fokussierung auf die wesentlichen Verbesserungspunkte
- Vereinbarung von Maßnahmen zur Realisierung der Verbesserungen
- Check-out, Abschlussrunde

Im Folgenden werden unterschiedliche Retrospektive-Formate und Methoden vorgestellt. Die Phasen davor und danach bleiben stets gleich.

Klassische Retrospektive-Formate

- Die Teilnehmer:innen sammeln ihre Eindrücke, Beobachtungen zur erlebten Zusammenarbeit zu vorgegebenen Fragen, die sich auf a) Gutes und zu Bewahrendes bzw. Stärkendes und b) Störendes und zu Änderndes beziehen.
- Damit alle gleichermaßen zu Wort kommen, jede Meinung gehört wird, empfiehlt sich, mit einer kurzen Einzelreflexion zu den Fragen zu starten, in der jede Person ihre Eindrücke und Antworten notiert.
- Anschließend werden alle Beiträge nacheinander im Rundenverfahren mitgeteilt und mit Post-its/Metaplankarten dokumentiert. Zur Dokumentation eignen sich die u. a. Formate.
- Die gesammelten Resonanzen werden nach ähnlicher Bedeutung, inhaltlicher Nähe, gemeinsamen Erfahrungen geclustert.

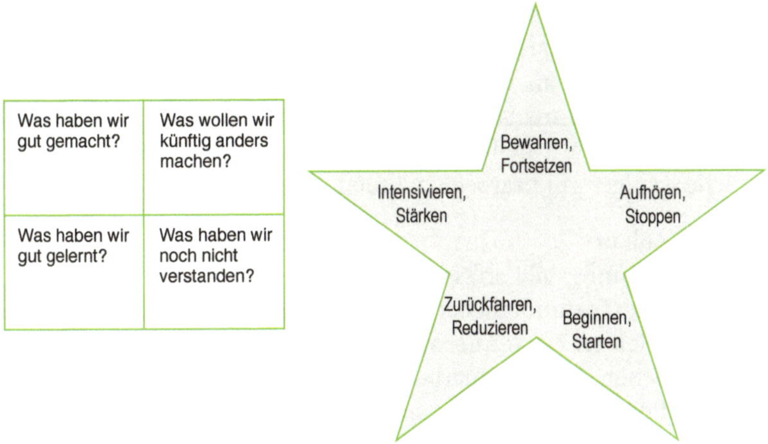

Abb. 48: Klassische Formate für Kurzretrospektiven

- Die Priorisierung der wesentlichen Verbesserungspunkte erfolgt gemeinsam. Dazu sollten die Kriterien transparent sein. Diese können z. B. sein: Dringlichkeit, Wichtigkeit, Aufwand, Komplexitätsgrad, Mehrheit/Minderheitsbedarf, Leidensdruck, etc.

- Für die anschließende Lösungssuche und Umsetzungsplanung sollten nicht mehr als zwei Verbesserungspunkte in Angriff genommen werden, um sicherzustellen, dass diese auch umgesetzt werden können.
- Bei der Vereinbarung von Verbesserungsaktivitäten hat sich folgende Dokumentation bewährt:
  - Titel/Überschrift der Aktivität
  - Zielzustand beschreiben: Wo wollen wir hin? Woran erkennen wir, dass wir das Ziel erreicht haben?
  - Beschreibung der Aktivität: Was ist zu tun, um das Ziel zu erreichen?
  - Verantwortung zuschreiben: Wer kümmert sich darum, dass die Aktivität auch realisiert wird? Wer hat den Hut auf?
  - Check planen: Wann wird der Umsetzungsfortschritt geprüft?

Retrospektive im Decisio-Map-Format

Die Decisio-Map eignet sich sehr gut zur Reflexion des Teamentscheidungsprozesses. Aus dem Land der Lessons Learned reflektieren die Teammitglieder rückblickend, wie sie ihr gemeinsames Entscheiden in den jeweiligen Ländern erlebt haben. Die Bilder und Metaphern der Map sprechen das emotionale Erleben der Zusammenarbeit im Prozess an. Sie helfen, Gefühle, diffuse Wahrnehmungen aufzudecken und anzusprechen. Die Aufgaben und Leitfragen in den jeweiligen Ländern helfen zu reflektieren, welche Phasen gut und welche weniger gut bearbeitet wurden.

Der Ablauf

1) Stimmungsbild erfassen:
   - Alle Teammitglieder sind aufgefordert, ihre Stimmung zur erlebten Zusammenarbeit in einem Projekt oder zur vergangenen Zusammenarbeit insgesamt im Team auszutauschen. Emotionales, Atmosphärisches, Schwelendes lässt sich oft nicht leicht in Worte fassen. Bilder und Metaphern sprechen das assoziative Denken an. Dazu können Sie entweder Bildkarten (Landschaften, Personen, o. Ä.) nutzen oder auch die metaphorische Decisio-Map[13] ein. Ganz nach dem Motto: ein Bild sagt mehr als tausend Worte.

13 Die metaphorische Decisio-Map gibt es in verschiedenen Formaten (Faltkarte, Bodenlandkarte, digital). Information dazu unter decisio.online/map.

Abb. 49: Aufstellung des Stimmungsbildes auf der Decisio®-Bodenmap

- Eine gute Frage gibt dem Rahmen, bspw: Wie habt ihr eure Zusammenarbeit im letzten halben Jahr erlebt? Welche Orte, welche Metaphern geben eure Gedanken und Gefühle dazu gut wieder?
- Jeder der Teammitglieder sucht sich einen Ort, eine Region auf der Decisio-Map aus und stellt sich auf. Wenn alle einen passenden Ort gefunden haben, tauschen sich alle im Rundenprinzip darüber aus.

2) Analyse des Entscheidungsprozesses:
- Die Phasen/Länder des Entscheidungsprozesses sukzessive in den (Rück-)Blick nehmen: Wertschätzend wie auch selbstkritisch sammeln, was gut gelaufen ist und welche Stolpersteine erlebt wurden. Die Leitfragen zu den Decisio-Ländern werden als Impuls zur Reflexion im Team genutzt.
- Auch hier gilt: Gleiche Redeanteile für alle, alle sollen gehört werden. Dazu ist es hilfreich, mit einer kurzen Einzelreflexion zu beginnen, in der jede Person ihre Eindrücke und Erfahrungen in den jeweiligen Phasen notiert, bevor der gemeinsame Austausch darüber gestartet wird.

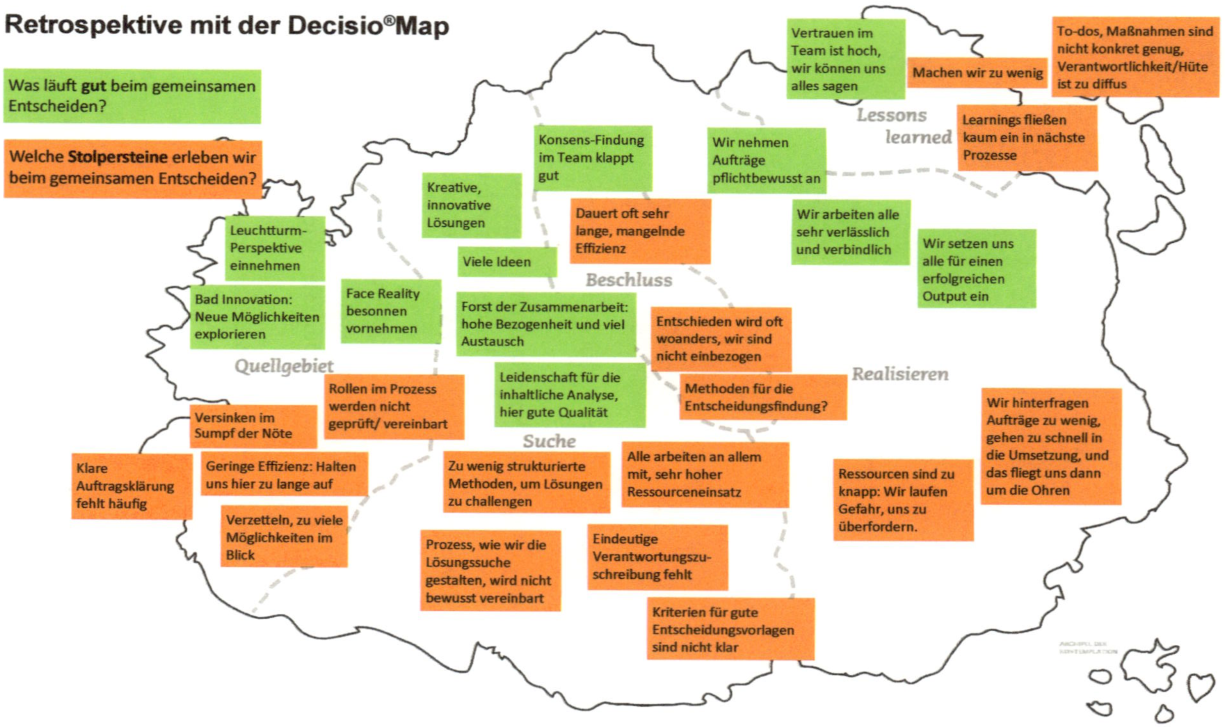

Abb. 50: Stimmungsbild mit der Decisio®-Topo-Map erfassen

- Anschließend werden alle Beiträge nacheinander im Rundenverfahren mitgeteilt und mit Post-its/Metaplankarten in die Doku-Map dokumentiert. Positiv und negativ Erlebtes wird farblich unterschieden. So entsteht eine teamspezifische Retro-Map für einen Entscheidungsprozess im Team.
- Je nach Größe des Teams kann die Decisio-Map-Prozessanalyse gemeinsam oder auch in Kleingruppen durchgeführt werden. Sollte in Kleingruppen gearbeitet werden, ist auch folgende Option möglich: Jede Kleingruppe fokussiert ihre Prozessanalyse auf eine Phase, sprich auf ein Land des Decisio-Kontinents. Die Ergebnisse werden hinterher geteilt, ergänzt und integriert in einer Docu-Map visualisiert.

Ergebnis

- Erfahrungen zum vergangenen Zusammenarbeits- und Entscheidungsprozess sind reflektiert und dokumentiert.
- Lernziele zur Verbesserung des Zusammenarbeits- und Entscheidungsprozesses sind abgeleitet.
- Aktivitäten, Maßnahmen zur Realisierung der Lernziele sind vereinbart und die Umsetzung geplant.
- Kontinuierliches Prozesslernen ist sichergestellt.

Aufwand/Zeit/Schwierigkeitsgrad

- Schwierigkeitsgrad: mittel
- Zubereitung:
  - klassische Retrospektive (1–2 Stunden)
  - Decisio-Map-Retrospektive (½ Tag)

Beispiel

In einer eintägigen Teamretrospektive wurde die Zusammenarbeit während der letzten zwei Jahre in der Corona-Pandemie reflektiert. Das auf Distanz arbeitende Marketingteam hatte zwei Jahre ausschließlich remote zusammengearbeitet, Präsenzbegegnungen fehlten und das Geschäft war deutlich zurückgegangen bzw. stark verändert. Diese Zeit hat das Team emotional deutlich belastet. Ziel der Retrospektive war es zum einen, die emotionalen Belastungen anzusprechen und zu verarbeiten und Entwicklungsziele vom Durchhalten in der Pandemie zum Durchstarten in die Zukunft abzuleiten. Jedes Teammitglied bildete die emotionalen Erfahrungen während der Pandemie als persönliche Reise durch die Decisio-Map ab. Die wichtigsten Pain Points, die wichtigsten Gain-Points und persönliche wie auch Teamheldenstorys wurden so geteilt und gesammelt. Auf dieser Basis fiel es dem Team leichter, wieder Lösungen für die neue Strategie, Struktur und Prozesse wie auch Kultur der Zusammenarbeit zu entwickeln.

Passt gut zu ...

- Zur Erfassung des Stimmungsbildes zur Zusammenarbeit im ersten Schritt der Retrospektive bieten sich viele Methoden an. Gut geeignet ist bspw. das Rezept 3.5.3, »Resonanzrunden – Quelle für erfolgreiches Prozessgestalten«.
- Review und Retrospektiven hängen eng zusammen. Das Rezept 3.5.2, »Output bewerten – Review«, passt gut zur Retrospektive.

Raum für eigene Gedanken/meine Notizen

Danksagung

Alle Rezepte sind geschrieben. Nur eines fehlt noch: Dankeschön zu sagen den vielen Menschen, die dazu beigetragen haben, dass dieses Buch entstanden ist.

Als Erstes danken wir sehr herzlich Bernd Opp und Othmar Sutrich. Sie haben in uns die Begeisterung für das Entscheiden und Verantworten in Organisationen entfacht und immer wieder genährt. Besonders freuen und schätzen wir, dass Othmar Sutrich das Geleitwort für unser Buch verfasst hat.

Frank Hargina ist der kreative Kopf, der unsere Ideen kunst- und humorvoll auf der Prozesslandkarte Decisio umgesetzt hat und uns mit seinen grafischen Darstellungen immer wieder begeistert. Hab vielen Dank dafür.

Ohne Janette Bergmann wäre dieses Buch noch lange nicht fertig geworden. Ihr gebührt unser besonderer Respekt und Dank. Unermüdlich und tatkräftig hat sie mit ihrem klaren Blick und viel Empathie unsere Texte redigiert, formatiert und die Mitautor:innen gesteuert und bei Stange gehalten.

Unsere Mitautor:innen haben mit ihrer Erfahrung, ihren Beispielen und ihrer Bereitschaft zur Mitwirkung die Vielfalt, die Qualität und die Unterschiedlichkeit der Anwendungen im organisatorischen Umfeld sehr bereichert. Dafür danken wir sehr.

Weiterhin möchten wir es nicht versäumen, unseren Kund:innen zu danken. Ohne sie wäre das Buch nie entstanden, geschweige denn überhaupt »gedacht« worden. Unser aufrichtiger Dank gilt Ihnen.

Verzeichnis der Abbildungen

Literatur

Appelo, J. (2010): Management 3.0: Leading agile developers, developing agile leaders. Boston (Addison-Wesley).

Cohn, R. (1975): Von der Psychoanalyse zur themenzentrierten Interaktion. Stuttgart (Klett-Cotta).

De Bono, E. (1989): Das Sechsfarben-Denken. Ein neues Trainingsmodell. Düsseldorf (Econ).

Herter, W. (2019): Wer die Krise nicht ehrt, ist der Chance nicht wehrt. Verfügbar unter: https://www.linkedin.com/pulse/unterwegs-3a-wer-die-krise-nicht-ehrt-ist-der-chance-walter-herter/ [22.11.2023].

Hofert, S. (2018): Agiler führen. Einfache Maßnahmen für bessere Teamarbeit, mehr Leistung und höhere Kreativität. Wiesbaden (Springer Gabler), 3., aktual. Aufl. 2021.

Johnson, D. (2015): Constructive controversy. Theory, research, practice. Cambridge (Cambridge University Press).

Julien, F. (2022): Ein zweites Leben. Wien (Passagen).

Kantor, D. (2012): Reading the room. Group dynamics for coaches and leaders. New York (John Wiley).

Lakoff, M. u. M. Johnson (2021): Leben in Metaphern. Konstruktion und Gebrauch von Sprachbildern. Heidelberg (Carl-Auer), 10. Aufl.

Lovallo, D. a. O. Sobony (2010): The case for behavioral strategy. *McKinsey Quarterly*: 2–16. Verfügbar unter: https://www.mckinsey.com/capabilities/strategy-and-corporate-finance/our-insights/the-case-for-behavioral-strategy#/ [18.07.2023].

Michailidis, S. (2009): Make it happen with momentum. Creative studies students master's project. New York (Buffalo State College State University).

Oestereich, B. u. C. Schröder (2019): Agile Organisationsentwicklung. Handbuch zum Aufbau anpassungsfähiger Organisationen. München (Franz Vahlen).

Oestereich, B. u. C. Schröder (o. J.): Materialien aus der kollegialen Führung und agilen Organisationsentwicklung. Verfügbar unter: https://kollegiale-fuehrung.de/material/ [18.07.2023].

Ohler, M. (2022): Atmosphären lesen – Vom Verstehen und Behandeln menschlicher Umgebungen. In: M. Bohne, M. Ohler, G. Schmidt u. B. Trenkle (Hrsg.): Reden reicht nicht!? Bifokal-multisensorische Interventionsstrategien in Therapie und Beratung. Heidelberg (Carl-Auer), 3. Aufl., S. 73–105.

Rüther, C. (2019): Gruppenentscheidungsverfahren für Teams. *Organisations-Entwicklung* 2: 92–99.

Schöll, R. (2007): Atmosphärische Intelligenz. Anmerkungen eines Managementcoachs. *Zeitschrift für Organisationsforschung (zfo)* 6: 326–332.

Schöll, R. (2009): Atmosphärische Intelligenz. Ihr Einfluss aufs Stimmungsbarometer. *Managerseminare*: 36–42.

Schrage, M. (2003): Daniel Kahneman: The thought leader interview. *Strategy + Business* 33. Verfügbar unter: https://www.strategy-business.com/article/03409 [18.07.2023].

Schroer, K. (o. J.): SWOT-Analyse. Verfügbar unter: https://www.bwl-lexikon.de/wiki/swot-analyse/ [14.02.2023].

Sennett, R. (2008): Handwerk. Berlin (Berlin Verlag).

Simon, F. B. (2022): Einführung in die Systemtheorie des Konflikts. Heidelberg (Carl-Auer), 5. Aufl.

Simon, F. B. (2022): Formen (reloaded). Zur Kopplung von Organismus, Psyche und sozialen Systemen. Heidelberg (Carl-Auer).

Snowden, D. (2021): Cynefin® weaving sens-making into the fabric of our world. Singapore (Cognitive Edge Pte Ltd).

Stöttinger, B. (2022): BANI statt VUCA: So geht Führung in der Welt von morgen. Verfügbar unter: BANI statt VUCA: So geht Führung in der Welt von morgen – WU Executive Academy [18.07.2023].

Sutrich, O. u. B. Opp, C. Strobel, S. Delius u. U. Sutrich (2016): Wie Organisationen gut entscheiden: Innovative Werkzeuge für Führungskräfte, Projektmanager, Teams und Unternehmen. Freiburg (Haufe).

Vollmer, A., M. Dick, S. Gross u. T. Whener (2016): Constructive controversy as a prime example of »The Power of Distributed Perspectives«: New developments in application and research. In: G. Abel a. M. Plümacher (eds.): The power of distributed perspectives (Berlin Studies in Knowledge Research, Bd. 10). Berlin/Boston (De Gruyter), pp. 245–266.

Weick, K. E. Sutcliffe, K. M. (2001): Das Unerwartete managen. Wie Unternehmen aus Extremsituationen lernen. Stuttgart (Schäffer-Poeschel), 3. Aufl. 2016.

Über die Beitragsautor:innen

Christoph Burmann, Studium der Psychologie und Pädagogik; Trainer, Berater und Coach für Change, Führung und Organisationsentwicklung. Gesellschafter bei kommunariko.

Kontakt: christoph.burmann@komunariko.at

Marc Fillinger, Bachelor Installateur & Heizungsbau Meister. Head of Operational Service Installation bei Vaillant Deutschland GmbH & Co.KG. Versteht sich als Netzwerker, Menschenentwickler, Freude an Veränderung, kreativer Denker.

Kontakt: info.fillinger@gmail.com

Stefan Groß, Dr.; Berater für Individuen, Gruppen und Organisationen in Entscheidungs-, Lern- und Innovationsprozessen. Aktuelle Arbeitsschwerpunkte: Moderation, Besprechungskultur, Veränderungsprozesse gestalten, Visualisierung und kollegiales Lernen.

Kontakt: kontakt@stefangross.org

Dorothea Hartmann, Dr.; Diplom-Soziologin; freiberufliche Beraterin, Trainerin, Coach, Speaker; Lehrbeauftragte in den Bereichen Team- und Organisationsentwicklung, Führen und Entscheiden, Unternehmenskultur und lernendes Unternehmen.

Kontakt: hartmann@dialog-change.de

Walter Herter, Dipl-Päd., Dipl-Oec.; Trainer, Berater und Coach in verschiedenen Funktionen, u. a. als Leiter Personal- und Organisationsentwicklung. Gründer der Genossenschaft »die-unternehmerberater eG«. Schwerpunkt: Entscheiden und Handeln in Krisensituationen.

Kontakt: wherter54@gmail.com

Ingrid Kohlhofer, Studium der Theologie und Geschichte, Journalistin bei einer österreichischen Tageszeitung. Danach über 20 Jahre in Managementfunktionen bei internationalen Firmen (Interunfall/RAS, BMW, Siemens). Senior Partnerin bei Trigon Entwicklungsberatung. Beratung und Sparring zu den Themenschwerpunkten Verändern – Führen – Entscheiden.

Kontakt: Kohlhofer@organisation2nextlevel.com

Angelika Limmer, Dr., Diplomchemikerin; Heilpraktikerin für Psychotherapie, zertifizierter Scrum-Master, selbstständig als Trainerin und Coach in der Führungskräfteentwicklung, Teamentwicklung, für Resilienz, Zeit – und Selbstmanagement und Train the Trainer.

Kontakt: info@angelikalimmer.de

Katrin Mackenstedt, Diplomkauffrau (Univ.); Management Consultant, zertif. Systemischer Coach und Teamentwicklerin, Scrum Master, Design Thinking Practitioner; Konzeption und Begleitung von Veränderungsprozessen in Unternehmen, Entscheidungsprozesse und -kultur, Leadership Development.

Kontakt: mackenstedt@amp-consult.de

Matthias Ohler, Studium der Philosophie und Linguistik; Systemischer Berater, Musiker; Geschäftsleiter des Carl-Auer Verlags; Dozent und Ausbilder in eigenen Weiterbildungsreihen und an Hochschulen, Kliniken sowie Weiterbildungsinstituten.

Kontakt: ohler@carl-auer.de

Volker Steinhoff, Dr. rer. pol. Wirtschaftswissenschaften; Beteiligungsmanagement beim Baden-Württembergischen Genossenschaftlichen Verband (BWGV); Unternehmensberater zu den Themen Geschäftsstrategien, Change-Management, Prozessoptimierung, Business Development; Interimsmanager.

Kontakt: v.steinhoff@web.de

Ulrike Sutrich, Gesellschafterin KAIROS.Core GmbH, Fokus: Entscheiden als Zukunftskompetenz. Trainerin, Coach und Teamentwicklerin für die Themen Entscheiden, Führen und Changemanagement in Organisationen.

Kontakt: ulrike.sutrich@kairosprofile.com

Albert Vollmer, Prof. Dr.; Dozent an der Hochschule für Angewandte Psychologie der Fachhochschule Nordwestschweiz FHNW, Schweiz. Programmleiter des CAS Konfliktmanagement in der Arbeitswelt. Forschungsschwerpunkte: Kooperation und Konflikte in Organisationen.

Kontakt: albert.vollmer@fhnw.ch

Anja Vrany, M. A. Politikwissenschaften; B. Sc. Psychologie (i. A.), Systemischer Coach; Certified Mindfulness Meditation Teacher (University of California, Berkeley); Teamentwicklung, Coaching, Achtsamkeitskurse- und Workshops für Unternehmen und Organisationen.

Kontakt: anja.vrany@gmail.com

Über die Autorinnen

Susanne Delius, Dipl.-Psych.; Systemische Organisationsentwicklerin, Teamentwicklerin und Coach/Supervisorin (ISB, DBVC, BDP); Agile Organisationsbegleitung; Führungskräfte Qualifizierung; geschäftsführende Gesellschafterin der Next Impact GmbH; als Schulpsychologin und Lehrbeauftragte an der Hochschule Darmstadt tätig.

Cornelia Strobel, Dr.; Dipl.-Chem.; hypnosystemische Organisationsberaterin, Coach und Teamentwicklerin (DBVC); Ausbilderin und Supervisorin; Inhaberin von Transform Organizations; Lehrbeauftragte an der KSH München.